はじめに

2020年からクルマを取り巻く環境が、大きく変わってきました。それは欧州の排気ガス規制が強化されたことや、ドイツの自動車メーカーによるディーゼルエンジンの不正事件などが影響していると思われますが、それ以外にも米カリフォルニア州のZEV規制や中国のNEV規制なども無関係ではなく、世界中でクルマの環境対策が厳しくなっています。

私はクルマの先端技術をはじめとした、メカニズムを中心に解説する自動車ジャーナリストです。そのため新型車に採用された新しいメカニズムだけでなく、部品メーカーが開発中の技術にも注目して取材してきました。

それだけに、これまでゆっくりとしたペースで進められていたクルマの電動化が一気に加速したこと、ここ5年ほどはパーツサプライヤーや自動車メーカーの試作品として展示されていた先進技術が一挙に現実に投入されるモノへと進化してきていることを実感しています。

そうした自動車関連の技術や部品の展示会を見て回り、1つ1つその構造を確認するように取材してきた経験が、この本を作るにあたって、本当に役立ったと思っています。

本書では現在のクルマに採用されている技術、これからのクルマに採用されるような電動車のメカニズムを中心に取り上げました。できる限り、電動車の各メカニズムの特徴や構造が理解しやすいよう、表現や図版にもこだわったつもりです。

そんなことから、この本の作成にはかなりの時間をかけて取り組みました。それは、でき上がってみれば無駄な時間も多かったのかも知れませんが、この本を作る上で必要な作業だったと今でも思っています。私が電動車の技術に対して面白いと思うこと、興味を持ったことをわかりやすく伝えることが、この本を手に取ってくれた方に役立つ情報になると信じて、情報を集め、理解し、解説していきました。

それでも私が手掛けた単行本の中では、これまでで最も短期間に書き上げることができた書籍であることは間違いありません。それには長年取材して先端

技術、電動化に関する情報を集めるだけでなく、しっかりと理解することに取り組み続けたことがベースにあったことも大きな理由です。

　クルマは大気汚染の主犯格のように思われてきた部分もありますが、各国の経済や生活レベルを発展させてきた功績も大きいということを疑う余地はありません。

　もちろん公害をもたらしたことは否定できません。これから新興国ではクルマの需要が高まり、世界レベルではクルマの保有台数は増加することも予測されています。そうした流れは基本的には変わることはないでしょう。

　そのためにもクルマの環境性能をもっともっと高める必要があり、電動化はそのキーデバイスとして欠かせない存在です。

　誰もが思うままに、行きたいところへ向かえる、それがクルマの持つ最大の魅力ではないでしょうか。そこにはモーターやエンジンの性能、バッテリーの充電環境が大きく関わってきます。

　登場したばかりの技術、現在開発中の技術、これまでのクルマで利用されてきた技術や考え方などについては、この本を読んでいただければ、理解を深められると思っています。

　本書を通じてクルマの新たな可能性を感じて、さらにこれからのクルマに興味を持っていただけたなら、それ以上に嬉しいことはありません。

2021年8月吉日　高根 英幸

CONTENTS

第1章
排ガス規制とクルマの電動化

◉排ガス規制の強化と電気自動車

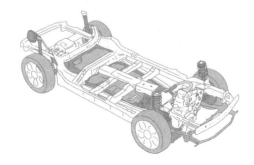

第2章
電動パワーユニットを搭載した自動車

2

◉電気自動車の種類

◉電気自動車の特徴と課題

第3章
電気自動車のモーター

◉電気自動車が高効率な理由

◉電気自動車のモーターレイアウト

第4章
電気自動車のバッテリー

◉バッテリーの種類と自動車用に求められる特性

◉電気自動車用バッテリーの最新技術

◉バッテリーEV（BEV）のカギを握る充電技術

第5章
電気自動車のパワーエレクトロニクス

◉パワーエレクトロニクスの実際

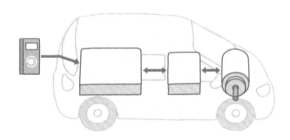

第6章
ハイブリッドの技術革新

◉エンジンが秘めている可能性

◉ハイブリッドの最新技術

第8章
電気自動車における今後の開発課題

●電気自動車のトランスミッション

●今後の開発課題

第1章

排ガス規制とクルマの電動化

Emission regulations and
electrification of automobiles

厳しい燃費規制と気候変動が電動化を推進

日本の自動車メーカーも欧州の自動車メーカーもEVやプラグインハイブリッド車〈➡p34〉を続々と登場させています。今、どうして電動化が進んでいるのでしょうか？

■ CO₂排出量の企業平均を下げるため電動車の投入が必須

電動化の波は、厳しくなってきたクルマの**燃費規制**が直接の要因です。それはCAFE規制によって定められています。**CAFE規制とは企業別平均燃費規制**のことで、1車種の燃費で環境負荷を判断するのではなく、メーカーの全車種の各販売台数に応じて全体の平均燃費を算出して評価するものです（上図）。

日本でもCAFE規制は導入されていますが罰則はなく、あくまで努力目標に過ぎません。しかし欧州のCAFE規制は、それほど甘くはありません。基準に達していなければ多額の罰金を支払わなくてはならず（下図）、それを回避するために**炭素クレジット**※を企業間で取り引きすることが認められています。

世界最大の自動車市場である中国では、CAFE規制に加えて**NEV規制**というものが導入されています。これは、乗用車の販売台数に対して一定量の割合でNEV（新エネルギー車＝EVやプラグインハイブリッド車、ハイブリッド車）の販売を義務付けるというもので、EVの普及が日本よりも進んでいる中国ならではの規制ですが、2020年の規制をクリアできた自動車メーカーはテスラ以外にはなく、その実効性にはまだ疑問符が付けられています。

燃費規制の根拠となっているのは、排ガス中の**二酸化炭素（CO₂）**が気候変動の原因とされていることです。ただし、温室効果ガスの一種とされるCO₂ですが、その増加が気候変動の原因かどうかはまだはっきりとはわかっていません（相関関係は認められる）。しかしこのままCO₂濃度が上昇すると、気候変動がますます進んでしまう恐れがあるだけでなく、私たちの日常生活にも支障を来す可能性すらあります。今までの勢いでCO₂濃度が上昇し続けてしまったら、100年後には地上にいながら軽い酸欠状態（頭痛、めまいなどが起こる）になることも予想されています。低炭素社会として**カーボンニュートラル**（温室効果ガスの排出量＝削減量の状態）になることを目指すのは、そうした未来の到来を食い止める数少ない手段と言えるのです。

日本政府も2050年のカーボンニュートラル達成に向けて、クルマの電動化を大きな柱としていますが、自動車産業界に一方的に環境対策を押し付けるのではなく、実態に則した現実的で実現性のある施策を望みたいところです。

※　炭素クレジット：先進国間で取引可能な温室効果ガスの排出量削減量証明。目に見えない温室効果ガスを数値で表し、その削減効果を取引に反映させることが可能

主要な自動車市場の燃費目標

中国のCAFE規制は欧州や米国と比べればまだ緩いが、今後は同様に強化されていくことが予想される。

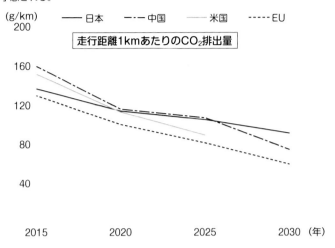

(g/km)

凡例：—— 日本　–·– 中国　—— 米国　······ EU

走行距離1kmあたりのCO_2排出量

EUでの2020年のCO_2排出量

1kmあたりのCO_2排出量。2021年は1g超過するごとに1台あたり95ユーロの罰金が科せられることになっている欧州のCAFE規制も、ほとんどのメーカーがクリアできず、罰金が膨大な金額になってしまっていることから、罰金額を見直す動きも出てきている。グラフ中の罰金の予測は、PAコンサルティング（英国）による。

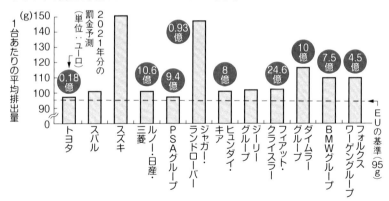

※スバル、スズキ、ジーリーグループは販売台数が少なく、罰金額も大きくはない

POINT
◎燃費規制の強化が自動車の電動化を推し進めている
◎低炭素社会実現のためには、規制の強化や自動車の電動化だけでなく、現実に即した施策も必要

1-2 環境規制は排ガスだけではなく、騒音規制も重要

前項でみたように、気候変動を抑えるための排ガス規制によってクルマの電動化が進んでいますが、電動化によって燃費を追求するほかにどんなことが必要でしょうか？

■排ガスは有害な成分も含んでいる

排ガス規制が厳しくなっているのは、大気中の**二酸化炭素**（CO_2）の増加が気候変動の原因の1つとみられていることのほかに、**大気汚染**への対策という意味もあります。世界レベルでみれば、クルマの保有台数は増え続けており、大気に対する影響は決して少なくありません。

光化学スモッグや酸性雨の原因となる**窒素酸化物**（NOx）は、エンジンの燃焼時に発生し、大部分は触媒で還元、浄化されるのですが、すべてを還元することはできず、わずかずつ排出されています（上図）。黒煙の成分である**PM2.5**（$2.5\mu m$の粒状物質）もクリーンディーゼルではほとんどが抑え込まれていますが、経年劣化により排出しているクルマも存在します。また最近のガソリン車も、直噴化によりPM2.5を排出する傾向があります。昔と比べれば1台あたりの排出量はわずかになりましたが、世界中でクルマが増えているため、無視できないものと言えるでしょう。

■さらに強化される騒音規制

クルマが環境に対して与えている影響は、排ガスだけではありません。国連の下部組織WP29（自動車基準調和世界フォーラム）では騒音に対しても厳しい規制を敷いています。クルマの走行により発する騒音は、その道路沿いに住んでいる市民にとっては公害でしかありません。信号待ちからの発進加速、通過時の走行音は年々問題視されています。そのため2022年からはさらに**騒音規制**が強化されることになっており、自動車メーカーやタイヤメーカーは対応を急がなければなりません。

EVであれば**パワートレイン**からの騒音はほとんどないので、問題ないと思われるかも知れませんが、実はそうでもありません。エンジン車ではパワートレインの静粛性が非常に高まっていますが、80km/hでの通過音の大半は、ボディの風切り音とタイヤから発生するロードノイズなのです。

もっともこれからはできる限り移動せずに用件を済ます、ニューノーマルな生活が浸透していくことでしょう。これはEVだけでなく、社会全体に影響を与える移動やコミュニケーションの効率化です。時間やエネルギーをもっと上手に使うことで、より充実した生活を楽しめるようになるでしょう（下図）。

⚙ 排ガスに含まれる有害物質

クルマや工場から排出されるCO_2は温室効果ガスとなるが、それ以外にもNOx(窒素酸化物)、SO_2(硫黄酸化物)などは大気中で紫外線などの影響により、光化学スモッグや酸性雨の原因になっている。

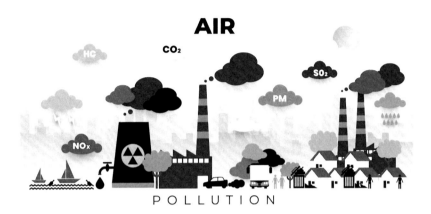

⚙ 近未来の街のイメージ図

自動運転の小さなバスが走り回り、EVや自転車、パーソナルモビリティなど環境負荷の低い乗り物が利用されるようになると予測されている。実際には、ドローンで荷物を運ぶのはよほど条件(地域や天候、輸送コスト)が合わなければ現実的ではないと思われる。

POINT
- ◎排ガスにはCO_2のほかにNOxやSO_2、PM2.5などの有害物質が含まれている
- ◎環境対策として、騒音規制も強化されている
- ◎静粛性に優れるEVにも、騒音に関する問題はある

今後はLCAでクルマの環境性能が評価される

最近LCAという言葉をよく聞くようになりましたが、これは何を意味するのでしょうか？　また、クルマに関するLCAといった場合には、具体的にどんなことを指しているのでしょうか？

■LCAにより本当に環境にやさしいクルマを評価する

LCAとは、ライフ・サイクル・アセスメントの略で、その製品やサービスが生涯を通じて環境にどれだけの負荷を与えているかを表す指標です。その対象は現時点ではCO_2排出量だけですが、将来的には他の排出物も環境へ与えるインパクトを検証していくために使われるようになるでしょう（上図）。

LCAがクルマの評価として考えられるようになったのは、**ハイブリッド車**が登場したことがきっかけでした。ハイブリッド車は走行中の**燃費性能**に優れますが、バッテリーやモーター、PCUなどを搭載しているため、製造時にCO_2を排出する量が純エンジン車よりも多くなってしまうため、そのことを考慮に入れることで本当に環境性能が優れているかどうかを判断できると考えたからです。

これはより多くのバッテリーを搭載するEVにも通じることで、純エンジン車やマイルドハイブリッド車に比べて、LCAでEVが優れているかは、バッテリー製造時のCO_2排出量の算定基準が調査会社や研究機関によってまちまちであるため、現在のところ正確に判断するのは難しい状況です。しかし現時点でLCAを考えると、最もCO_2排出量が少ないのはトヨタのヤリス・ハイブリッドであることは間違いないでしょう。プラグイン機能などは備えていませんが、1kmあたりのCO_2排出量が65gと非常に少なく、2021年の欧州**CAFE規制**である95gを大きく下回ります〈➡ p12〉。製造時にCO_2を多く排出するEVよりもトータルで環境性能が高いことは明白です。

■今後は使用する電力の内容が重要になる

これからは製造時の消費電力についても、その内容が評価される傾向にあります。それは自国産業を有利にしたいという欧州各国の思惑もあるのでしょうが、全ての産業で低炭素社会を目指さなければ意味がないので、当然と言えば当然です。

日本は、2050年に**再生可能エネルギー**による発電を全体の50%にするという政府目標を掲げています。それはそれで立派なことなのですが、それ以前にクルマの製造に使う電力を火力発電に頼っているようでは、世界の自動車市場から受け入れられなくなってしまう恐れがあります。少なくともクルマの生産には再生可能エネルギーでの発電を利用することが急がれます（下図）。

✿ LCAで評価される領域

LCAは、素材の生産時からクルマの組み立て、使用中に走行によって排出されるCO_2、使用終了後に廃棄されてリサイクルされるまでの全排出量により環境負荷を判断する。今後は使用する電力の内容についても厳密に精査される。

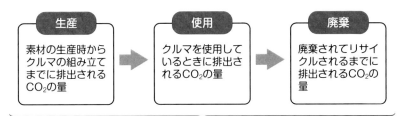

生産	使用	廃棄
素材の生産時からクルマの組み立てまでに排出されるCO_2の量	クルマを使用しているときに排出されるCO_2の量	廃棄されてリサイクルされるまでに排出されるCO_2の量

全排出量によって環境負荷を評価する

✿ 再生可能エネルギーの種類

再生可能エネルギーには太陽光発電のほか、風力、水力、潮力や地熱発電といった自然エネルギーを利用したもの以外に、植林した木材などを使ったバイオマス発電、微細藻類を培養するバイオ燃料などがあり、既存の火力発電などと組み合わせて安定した電力を作り出すことが考えられている。

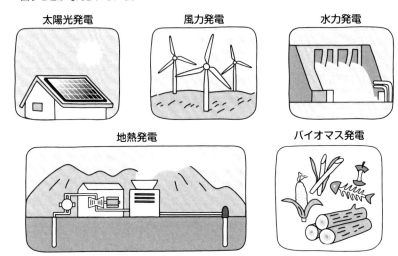

太陽光発電　風力発電　水力発電

地熱発電　バイオマス発電

POINT
◎LCAは環境に対する負荷を評価するための指標
◎製造時に排出するCO_2の量を考慮に入れてこそ、本当の環境性能が測れる
◎これからは、製造時に使う電力の内容も評価されるようになる

1-4 今後、電動化はどう進んでいくのか

現在、BEV以外にもハイブリッド車やプラグインハイブリッド車が続々発売されていますが、今後はEVばかりが発売されて、他のクルマはなくなってしまうのでしょうか？

■ BEVだけでは需要を賄い切れず、さまざまな電動車が市場に投入され続ける

BEV（バッテリーEV、電池とモーターだけで走る純粋なEV➡p24）を始めとする**電動車**に注目が集まっていますが、これからどんどんEVの性能が向上してエンジン車の性能を追い越し、数分で充電が完了して、数百kmも走り切ってしまうようになると想像している人も多いのではないでしょうか？

しかし残念ながら、電動車の性能は一足飛びに高まることはありません。というのも、バッテリーもモーターも半導体もこの30年間ほどの間に、相当な勢いで進歩をしてきています。ここから先は、既存の技術の高まりや組み合わせでジワジワと性能を高めていきながら、一方で革新的な技術が平行して研究開発されるので、**次世代電池**が実用化された時点で〈➡p100〉、従来のEVも現在より性能が高まっていることになるでしょう。

もっと言えば、クルマ自体この30年の間に燃費や安全性能、快適性能が飛躍的に向上しています。毎年一定の割合で進化してきたのではなく、ここ10年でエンジンの熱効率は大幅に向上されていますし、変速機の進化やハイブリッドの普及により、燃費は著しく改善されました。

とはいえ、昨今の電動化への流れは非常に急激で、自動車メーカーやパーツサプライヤーは研究中だった技術を実用化して、次々と商品化を果たしています。そのため、より高性能な次世代電池の量産を待っている余裕はありません。現状よりちょっと改善された電池と車体を上手く組み合わせながら、目的や予算に合わせたクルマを揃えて販売台数を確保する経営を続けていくでしょう（上図、下図）。

そういった意味では、BEVだけで従来の乗用車を置き換えるのは、いささか強引で無理のある施策ということになります。BEVは外部から電力の供給を受けなければ走ることができません。それに対し、**ハイブリッドやプラグインハイブリッド**は、エンジンが発電することで電気を作ってモーターで走らせることが可能です。

モーターの滑らかで効率が高いという利点を活かしながら、さまざまな電力の作り方、貯め方を活用して、実質的にエコでクリーンなクルマへと進化させていくのが、これからの自動車メーカーがたどる方向性と言えるでしょう。

⚙ ポルシェの高性能EVタイカン

ポルシェ初のBEV、タイカンは前後にモーターを備え、最も強力なターボSは761ps
という高出力と、バッテリーに800Vという高電圧を利用することで、静止から100
km/hに達するまでわずか2.8秒という強力な加速性能を実現している。

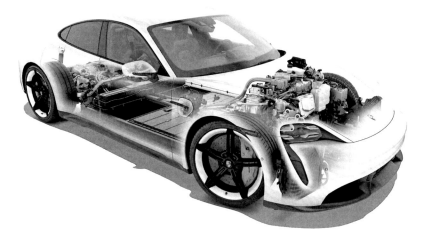

⚙ 中国で若者を中心に大人気の宏光MINI EV

全長3m足らずのコンパクトなボディに十分な出力のモーターと100km程度の航続距
離を確保したバッテリーを搭載し、46万円という低価格を実現している。上のタイカン
とは対極にあるEV。

POINT

◎EVの性能が一気に向上することはない

◎ハイブリッドやプラグインハイブリッドを含めて、EVをエコでクリーンな
クルマに進化させていくのがメーカーの方向性

EV、FCVの両輪が電動化には必要

1-5

クルマの電動化がモーター駆動によって実現するのなら、EVとハイブリッドだけでいいように思います。水素を利用して電気を作る燃料電池車を開発、販売する理由は何ですか？

■エネルギーの有効活用にはバッテリー以外の電力供給が必要

2015年にCOP21（国連気候変動枠組み条約に加盟する197カ国が参加する締約国会議）でパリ協定が結ばれてからというもの、欧州では排ガス規制の厳しさが増しています。欧州メーカーもCAFE規制をクリアできないため、テスラの炭素クレジット権を莫大な金額で購入したり、充電スタンドの整備も進んでいないユーザー不在の状態でEVを大量に生産、自社登録してCAFE規制の罰金から逃れようとしています。

日本のトヨタだけは環境性能の高いハイブリッド車の比率が高いため、欧州のCAFE規制でもほとんど罰金を支払う必要はなく、トヨタグループの他ブランドやメーカー（レクサス、マツダ）に炭素クレジット権を分け与えています。

こうした厳しい燃費規制をクリアする解決策が、クルマの電動化を推し進めることです。欧州や米国カリフォルニア州、中国では2030年以降、純エンジン車の販売を禁止する姿勢を打ち出しています。つまりCAFE規制でブランドの平均燃費をクリアすればいいのではなく、現在も作られている大排気量車など燃費が悪いクルマは販売できなくなるのです。

しかもEVの販売台数が増えるということは、それだけ充電するために電力を供給しなければなりません。その電力を火力発電などCO_2を排出する方法で賄うのでは意味がなく、しかも発電所からの送電はEVの充電の需要に合わせて調整できるほど柔軟なものではありません。局所的に急速充電が集中することにでもなれば、周辺で停電となる可能性すらあります。そのためスマートグリッド※（次世代送電網）という考えから、地域で発電設備や蓄電設備を備えて柔軟に対処する方法もありますが、それだけでは完全に対応することは不可能でしょう。

世の中にそんなにたくさんの蓄電設備を備えることは、膨大なバッテリーの使用となりますが、リチウムの埋蔵量から考えても、バッテリーを作り出しリサイクルするエネルギーから考えても現実的ではありません。そのため電気としてではなく、水素に置き換えて蓄えることも必要になるでしょう。水素から発電してEVに充電する設備、水素を充填して走るFCV（燃料電池車➡ p38）も併用して、エネルギーを上手く利用することが求められるのです（上図、下図）。

※　スマートグリッド：電力の流れをネットワークを活用して供給側、需要側の双方から制御して最適化する送電網

⚙ トヨタの新型MIRAIのユニークな性能

新型MIRAIは、燃料電池スタックへ供給する空気を取り込む部分のフィルターに加工を施して、PM2.5などの微粒子を捕捉する。走れば走るほど空気をキレイにする機能も備わっている。

⚙ 水素社会のイメージ

再生可能エネルギーを使って水を電気分解して水素を作り出し、それをさまざまなモビリティや生活のエネルギーとして利用するのが理想的な形。 出典：トヨタ

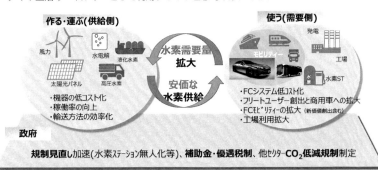

作る・運ぶ(供給側)
風力　水電解　液化水素
太陽光パネル　高圧水素
・機器の低コスト化
・稼働率の向上
・輸送方法の効率化

水素需要量
拡大
安価な
水素供給

使う(需要側)
発電　工場
モビリティー
水素　水素ST
・FCシステム低コスト化
・フリートユーザー創出と商用車への拡大
・FCモビリティーの拡大 (新価値創出含む)
・工場利用拡大

政府
規制見直し加速(水素ステーション無人化等)、補助金・優遇税制、他セクターCO_2低減規制制定

POINT
◎EVの需要増大とともに、電力の供給体制も整備する必要がある
◎エネルギーを有効利用するために、バッテリーだけでなく水素から発電してEVに充電する設備や、水素によって走るFCVを併用することが求められる

EUが2035年にエンジン車を全面禁止へ!

エンジンはどうなる?

　7月中旬、EUの政策執行機関である欧州委員会は、2035年以降エンジン車の販売を禁止するという法案を検討中であることを発表しました。これは非常に厳しい内容で、現時点ではバッテリーEV(BEV)とFCVしか販売できないようにすることが検討されています。

　これから数年をかけて加盟国や欧州議会で内容が審議されて可決されることになりますが、この原案のまま可決されることはないでしょう。というのも、EUに加盟している国の中でも、電力事情や石油の調達状況が異なります。プラグインハイブリッドは、バッテリーの蓄電分だけで走行すれば実質的にはEVと変わらず、LCA〈➡ p16〉で見ればEVよりもCO_2の総排出量は少なくなることもあるのです。これを認めないのは、単にエンジンの存在を一切認めないというヒステリーにも似た自動車業界イジメでしかなくなります。

　EU圏内の自動車メーカーにとっても、EV比率を急激に高めるのは、中国の低価格なEV攻勢を許すことになりかねません。

　メルセデス・ベンツやボルボは2030年に100% EV化することを宣言しており、ホンダもEUの規制に合わせて100% EVへの移行を2040年から早める可能性があることを認めていますが、これらの方針は覆される可能性もゼロではありません。

　エンジンは化石燃料を使えばCO_2を排出する機関ですが、バイオ燃料や水素を燃料とすればカーボンニュートラルを実現することは可能です。

　モーターだけがクルマの動力になってしまうことを嘆いているのは、エンジン好きの懐古趣味者なのかもしれませんが、バッテリーの生産量や電力供給を考えれば、すべてをEVにするのは無理があると思うのです。

　エンジンは人間が考え出した動力の中でも、複雑で味わいのある機械です。環境対策と共存できる技術を開発して、これからも発展して欲しいと思うのは、筆者だけではないでしょう。

第2章

電動パワーユニットを搭載した自動車

Automobiles equipped with electric power unit

バッテリーEV（BEV）

2-1

EV（電気自動車）とは、充電した電力によってモーターで走るクルマのことだと理解していますが、走行に必要なしくみはどうなっていますか？　また、EVにはどんなメリットがあるのでしょうか？

■バッテリーに蓄えた電力だけで走るBEV

電気自動車と聞くと、電力だけで走行できるクルマをイメージするのではないでしょうか。そんなイメージ通りのクルマが**バッテリーEV**です。単に**EV**と言い表されることもありますし、**BEV**（Battery Electric Vehicle）、**ピュアEV**と呼ばれることもあります。その名の通り**バッテリー**を搭載して、そこに蓄えられた電力だけで**モーター**を駆動して走行する、比較的シンプルな構造の**パワーユニット**が特徴です。

走行に必要な構成部品は、モーターとバッテリーユニット、交流から充電するためやバッテリーから交流モーターに電流を供給するための**AC−DCコンバーター**、モーターへ供給する電力の電圧や周波数を変化させる**インバーター**、ドライバーの加減速要求を判断してインバーターへ電流の増減を指示する**ECU**（Electronic Control Unit）といったものです（上図）。

モーターに電力を供給するコンバーター、インバーター、ECUを1つのユニットにした**PCU**（パワーコントロールユニット）としているクルマも増えています。大きな電力を扱うため、バッテリーやモーター、インバーターなどは発熱による能力低下を抑えるために冷却機構も組み込まれていますが、それでも純ガソリン車やハイブリッド車に比べると部品点数は少なく、パワーユニットの制御もずっとシンプルです（下図）。そしてモーターはエネルギーを駆動力に変換する効率に優れています。

■バッテリー容量と急速充電で行動半径が決まる

バッテリーの電力のみで走行するだけに充電する能力と、放電する能力、蓄える能力の維持が走行性能を決めることになります。家庭用の交流200Vによる**普通充電**と、500Vの高電圧で大電流を一気に送り込むことで充電する**急速充電**に対応することで、実用性を高めて1日の行動半径を拡大しています〈➡p44〉。

急速充電を利用した場合、搭載しているバッテリーの容量や充電時の電圧によって変わりますが、一般的には30分で80%程度の充電が可能となっています。

急速充電は電圧を高めることで大容量のバッテリーでも短時間に充電することを可能にします。BEVの性能向上に伴い急速充電の出力も高められてきましたが、それはバッテリーの寿命と安全性を左右することになるので、非常に重要な問題です。

⚙ マツダが発売した初の量産EV、MX-30 EV MODEL

リチウムイオンバッテリーの搭載量を35.5kWhに抑え、生産時のCO_2排出量も抑えている。大容量のバッテリーを搭載すれば、それだけ一度に長い距離を走ることが可能になるが、車体は重くなり電費が悪化するだけでなく、万が一のときの衝突安全性も低下する。また、車両価格も高価になる。

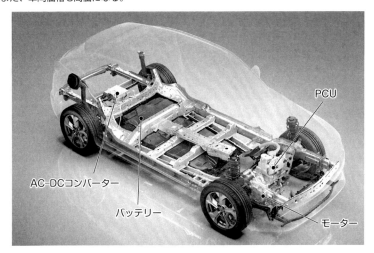

⚙ 日産リーフに搭載されているモーターユニット

モーターと減速機構、デファレンシャルギア（左右輪の差動機構）だけで構成されているシンプルなパワーユニット。エンジンとモーターを組み合わせているハイブリッド車と比べると、驚くほど部品点数が少ないことも特徴。

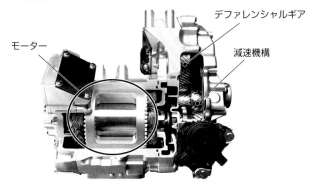

POINT
- ◎BEVは、電力のみでモーターを駆動して走行する
- ◎BEVの構造は、ガソリン車やハイブリッド車に比べて非常にシンプル
- ◎バッテリー容量と急速充電の有無でクルマの行動半径が決まる

レンジエクステンダーEV

2-2

EVなのにエンジンを搭載しているクルマがあるということですが、それはハイブリッド車ではないのですか？　何がどう違っているのでしょうか？

■大容量のバッテリーEVが基本で発電機能は限定的

　バッテリーの電力だけで走行するBEVでも、その搭載量には限度があるので、それを補うしくみが必要です。**急速充電**も移動距離を伸ばすための1つの方法ですが、充電ステーションが十分になければ充電の順番待ちや、充電のために移動する必要があるなど、モビリティとしての効率が著しく低下してしまいます。そこで蓄電量が不足してきたときにはクルマ自らが発電して**バッテリーを充電しながら走行**できる、**レンジエクステンダーEV**というクルマがあります。これは発電機を駆動して電力を供給することで「航続距離（レンジ：range）を延長する（エクステンド：extend）ことができるEV」という意味です。

　発電専用に小型のエンジンを搭載していることから、ハイブリッド車なのではと思う方がいるかもしれません。しかし、通常はエンジンが発電することはなく、BEVと同じようにバッテリーの電力だけで走行します。バッテリーの搭載量はBEVと同じで、さらに発電用のエンジンを備えますが、バッテリーの蓄電量がほぼなくなるまで発電用のエンジンを使うことはありません。また燃料タンクは小さく、発電による走行可能距離は限られたものとなっています（上図）。

　そのためハイブリッド車に比べるとバッテリーの搭載量が多いですが、発電用のエンジンはハイブリッド車よりも小排気量なもので良いため、コンパクトで燃料タンクも小さな容量で済みます。エンジンは走行時の駆動力に利用しないので、走行用の駆動力の制御と発電用のエンジン制御は独立しており、どちらも比較的シンプルな制御系でシステムを構成できるのもポイントです。

　通常のガソリン車のエンジンのように発進時や加速時などの負荷の大きい状態が存在せず、エンジン回転数の上下動もほとんどない一定回転での運転であれば、エンジンの燃料消費率はグンと良好になります。マツダは燃費の悪さが難点だった**ロータリーエンジン**を発電専用のエンジンとして復活させるなど、発電用のエンジンにはこれまでとは違った仕様のエンジンが登場する可能性が出てきました（下図）。

　電気自動車でもエンジンを上手く利用することで、より効率の高い便利な乗り物に進化させることができるのです。

✪ レンジエクステンダーEVであるBMW i3

駆動用モーターの隣にオートバイ用エンジンをベースとした発電用の単気筒エンジンを搭載している。ハイブリッド車と異なり燃料タンクは5Lと小さく、発電による走行可能距離は100km程度となっている。

発電用エンジン

バッテリー

駆動用モーター

✪ マツダのレンジエクステンダーEV

MX-30 EV MODELの派生モデルとして開発中のレンジエクステンダーEV。フロントの駆動用モーターの右に、発電用としてロータリーエンジンを搭載する〈➡ p134〉。

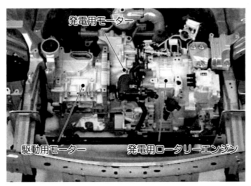

発電用モーター

駆動用モーター　　　発電用ロータリーエンジン

POINT
◎レンジエクステンダーEVは、航続距離を延長することができるEV
◎大容量のバッテリーに小型の発電用エンジンを備えている
◎エンジンは発電のみに専念し、走行時の駆動力に使用することはない

シリーズハイブリッド

エンジンは発電のみを行い、モーターの力だけで走るシステムをシリーズハイブリッドと呼んでいますが、BEVとの違いやメリットはどのような点にあるのでしょうか？

■クルマの黎明期から存在したEVの元祖

ハイブリッド車はエンジンとモーターという2種類のパワーユニットを組み合わせたクルマですが、エンジンの駆動力を走行には使わず、発電機を回すことに専念させる構造のハイブリッドが**シリーズハイブリッド**です。エンジン（発電）→バッテリー→モーターという一連の流れが完成されている、比較的シンプルなしくみで構成されているハイブリッド車と言えるでしょう。

実はクルマが誕生した黎明期には、エンジンで走るクルマだけでなく、電気自動車も多く開発されていたのですが、そのほとんどはエンジンで発電しモーターで走行するシリーズハイブリッド車でした。それはモーターの力強さや制御のシンプルさがエンジンよりも優れていた反面、バッテリーのエネルギー密度が低く、充電した電力だけで走行できる距離が短かったからでした。そのため常にエンジンで発電することにより、モーターで走行し続けられる電気自動車としてシリーズハイブリッド車が考案されたのです。

その後エンジンの制御が複雑になり、また変速機を組み合わせることによってエンジン車の走行性能や効率が向上したため、これらは姿を消すことになります。

■日産ノートe-POWERで大ヒット、人気の電気自動車に

ところが近年、三菱のアウトランダーPHEV（上図）や日産のノートe-POWER（下図）が発売されると、シリーズハイブリッドの優位性が認知され、ヒット作となりました。それは充電しなくても、ガソリンを給油するだけで走り続けられ、その上ガソリン車と比べて燃費も安定して良好な数値を上げられるからでした。

バッテリーに比べてはるかに高いエネルギー密度を誇る液体燃料の強みを活かし、クルマに搭載した燃料で発電することにより、低コストで実質的にはCO_2の排出量を低く抑えることができる、というのがシリーズハイブリッドの長所です。

燃料を燃やして、その熱エネルギーで電気を作り出しているのですから、いわば小さな火力発電所だとも言えます。送電や充電での損失や蓄電しても自然放電してしまう分まで考えたら、その場その場で電気を作るシリーズハイブリッドは、非常に合理的な電気自動車ということができるでしょう。

三菱アウトランダーPHEVのしくみ

エンジンは発電機を回し、前後のモーターが4輪を駆動する。高速走行時にはエンジンが直接前輪を駆動し、加速時にはモーターがアシストするパラレルモードもあるが、基本はシリーズハイブリッドだ。　出典：三菱

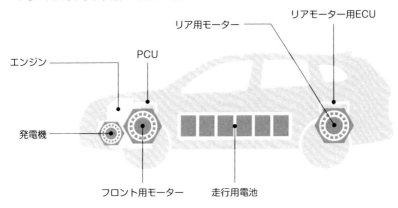

リア用モーター

リアモーター用ECU

PCU

エンジン

発電機

フロント用モーター

走行用電池

日産ノートe-POWERのパワーユニット

エンジンが発電機を駆動し、発電機と同じ大きさのモーターがタイヤを駆動する。エンジンを発電専用に割り切ることで、従来のクルマでは不可能だったエンジンの熱効率が高い領域だけを使った稼働とすることができるようになり、好燃費を実現した。

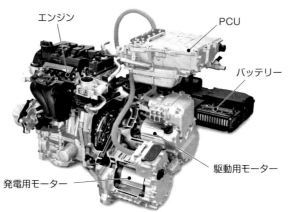

エンジン

PCU

バッテリー

駆動用モーター

発電用モーター

POINT

◎シリーズハイブリッドはエンジンの力を発電だけに使い、モーターの力のみで走行する
◎クルマに搭載した燃料で発電するので、低コストでCO_2排出量も低減できる

2-4　パラレルハイブリッド

エンジンとモーターの両方を駆動力として使うハイブリッド車は、これらをどのように使い分けているのですか？　また、どんなメリットがあるのでしょうか？

◤EVモードとアシスト用にモーターを利用

　エンジンは走行用に使い、モーターは加速時などの高負荷時にアシストしたり、巡航時などの軽負荷時にはモーターだけで走行するなど、2つの動力源を組み合わせて走行に用いるのがパラレルハイブリッドです。エンジンと変速機の間にモーターを組み込むタイプ、変速機の後ろに組み込むタイプ、エンジンは前輪を駆動し、モーターが後輪を駆動するといった前後独立した電動4WDなど、実際にはレイアウトによって機構やその制御方法にさまざまな種類があります〈➡p132〉。

　エンジンはエンジン、モーターはモーターで独立してクルマを走行させるための駆動力を伝えることができるのがパラレルハイブリッドの特徴で、お互いの長所を使える領域で走行することにより、燃料の消費を抑えて燃費を向上させるのです。

　エンジンと変速機の間にモーターを納める構造は、従来のトルクコンバーターの代わりにモーターを組み込むだけで実現できることから、ボディサイズが大きく組み込む余裕のあるクルマに適しています（上図）。かつてホンダはエンジンのクランクシャフトと直結させた薄型のモーターを組み込んだIMGという独自のハイブリッドを開発、販売していましたが、モーターだけで走行する際にエンジンを切り放すことができないため駆動損失が大きいという弱点があり、今では姿を消しています。

◤前後で異なるパワーユニットを使うクルマも

　BMWはリアタイヤをエンジンが、フロントをモーターが駆動するi8というスーパースポーツカーを開発しました（下図）。残念ながら2020年で生産が終了してしまいましたが、その未来的フォルムと相まって、今なお注目されるハイブリッド車です。

　ボルボは、フロントタイヤをエンジンが駆動し、リアタイヤをモーターが駆動する電動4WDタイプのパラレルハイブリッド車を設定しています。これは駆動力を4輪で伝えるだけでなく、前後の重量配分も改善されるため、走行時の安定性も向上するというメリットがあります。さらにBEVのように外部から充電できるプラグインハイブリッドとしバッテリーの搭載量を多くすることで、パラレルハイブリッドでもEVモードの走行距離を伸ばし、ある程度充電量が減ったときや急加速時のみエンジンを始動させることで、走行時のCO_2排出を抑えることも実現しています。

💠 エンジンと変速機の間にモーターを組み込む構造

縦置きATのトルクコンバーター部分に多板クラッチとモーターを組み込んだハイブリッド変速機。加速時にエンジンをモーターがアシストしたり、高速巡航時や駐車場内ではモーターだけで走行など、さまざまな使い方が可能だ。

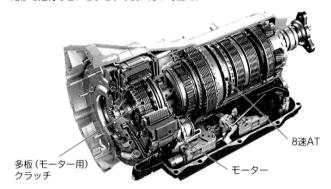

8速AT

多板(モーター用)
クラッチ

モーター

💠 BMW i8 のシャーシ

フロントタイヤはモーターが駆動し、リアタイヤは1.5Lエンジンが駆動する。バッテリーの蓄電量が十分で、ゆっくり走るときには前輪駆動のEVモードだけで走れる。

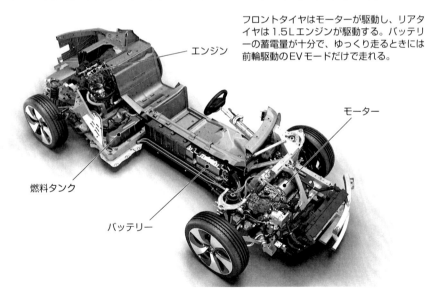

エンジン

モーター

燃料タンク

バッテリー

POINT
◎パラレルハイブリッドは、エンジンとモーターの2つの動力源を組み合わせて走行する
◎エンジンとモーターのレイアウトによりさまざまな種類がある

2-5 シリーズ・パラレルハイブリッド

トヨタ・プリウスはシリーズハイブリットとパラレルハイブリッドの機能を併せ持っていると言われています。その理由はどんなところにあるのですか？

■ PHEV登場以前は両者の良いとこ取りが理想形

　パラレルハイブリッドはモーターのみでの走行もできますが、バッテリーに蓄えた電力がなくなってしまったらエンジンだけで走ることしかできません。基本的には減速時の回生充電で蓄えた電力だけがモーターを駆動できるのです。

　一方、シリーズハイブリッドはモーターの力だけで走行し、エンジンは発電機を駆動するだけなので、車体が大きくたくさんの人や荷物を積むような使い方では強力なモーターが必要になります。しかし発進時や高速巡航中の加速時など、強い加速力が必要なシーンは限られるので、それ以外の走行条件では、モーターや発電機の能力が余り気味となってしまうことになります。

　そのため、通常はシリーズハイブリッドとしてエンジンが発電機を回すことによりモーターで走行し、力強い加速が必要なときにはエンジンとモーターの駆動力を合わせてタイヤを駆動するパラレルハイブリッドとして使えるように考え出されたのが、シリーズ・パラレルハイブリッドというシステムなのです。

　代表的なシリーズ・パラレルハイブリッドは、トヨタのTHS（トヨタハイブリッドシステム）と呼ばれるものです（上図）。これはエンジンと2つのモーターを遊星ギア機構を使って連結しているもので、エンジンの出力を遊星ギアキャリアに伝え、中心のサンギアには発電用モーターがつながっていて、発電用モーターの回転数で外周のリングギアの回転数が変化します。リングギアには駆動用モーターもつながっていて、直接タイヤを駆動するしくみです。このTHSについてはp126で詳しく解説します。トヨタはこのシリーズとパラレルの両方の機能を兼ね備えたハイブリッド機構のことをストロングハイブリッドと呼んでいます。

　ホンダの2モーター式ハイブリッドi-MMDや三菱のアウトランダーPHEVに採用されているツインモーター4WDは、通常はシリーズハイブリッドとして走行しながら、高速走行時などエンジンで効率良く走れる領域ではエンジンの力も直接タイヤを回すために利用しています。このように基本的にはシリーズハイブリッドとして機能しながら、特定の条件時のみエンジンの力でタイヤを回せる、複雑かつ柔軟なハイブリッドがシリーズ・パラレルハイブリッドなのです（下図）。

✿ トヨタのTHS

トヨタ・プリウスに導入されたTHSは、タイヤを直接駆動するモーターと、エンジンからの駆動力を発電用と走行用に振り分ける遊星ギア機構、発電機によって構成されている。

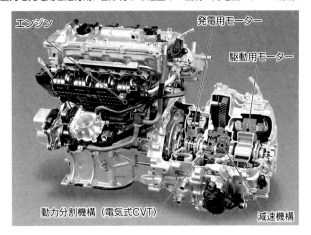

✿ 日産のハイブリッドシステム

フーガ／スカイラインに採用されたインテリジェントデュアルクラッチコントロールと呼ぶFR用ハイブリッド。変速機に組み込まれたモーターと、前後のクラッチを制御することで、パラレルハイブリッドとして機能するだけでなく、停車時にはエンジンで発電することも可能にしている。

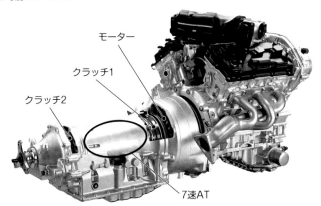

POINT
◎シリーズ・パラレルハイブリッドは、通常シリーズハイブリッドとして機能する
◎特定の条件下になると、エンジンの力をタイヤの駆動力として使う
◎代表的なシリーズ・パラレルハイブリッドは、トヨタのTHS

プラグインハイブリッド（PHEV）

2-6

ハイブリッド車の「EVモード」で走れる距離を伸ばした仕様がPHEVだと聞きましたが、通常のハイブリッド車とどこが違うのでしょうか？　また、EVと比べてどんなメリットがあるのですか？

◢大型バッテリーと外部充電によりEVモード拡大

　ハイブリッド車でもバッテリーをたくさん搭載することで、EVモードで走行できる距離が増えれば、日常の使い方ではBEVのようにバッテリーの充電分だけで走行することができるようになります。ハイブリッドとBEVの中間的存在といえるクルマが**プラグインハイブリッド車**（**PHEV**：Plug-in Hybrid Electric Vehicle）です。

　プラグインとは「外部電源を利用できる」という意味で家庭用のコンセントや充電ステーションからEVのように充電することができるのが特徴です（上図）。

　走行のためのしくみではなく充電のしくみなので、PHEVと呼ばれるクルマの中でも走行するしくみにはさまざまな違いがあります。これまで紹介したシリーズハイブリッドのクルマもあれば、パラレルハイブリッドのクルマもあり、シリーズ・パラレルハイブリッドのクルマにもPHEVが設定されている車種があります。具体的にはバッテリーの搭載量が多くなっているだけでなく、ガソリンの給油口のほかに、EVと同じように充電プラグを差し込む**充電ポート**を備えています（下図）。

　レンジエクステンダーEVも外部電源から充電して走行するので、しくみは非常に似ています。一番の違いはバッテリーの搭載量とエンジンの大きさのバランスです。プラグインハイブリッド車は通常のハイブリッド車よりもバッテリーをたくさん搭載して、EVモードで走行できる距離を50kmから100km程度まで伸ばしています。EVとして走行できる距離を走った後は、充電しなくてもエンジンが発電することでより長い距離を走ることができるのです。そのため急速充電には対応していないクルマもPHEVには存在します。モーターの出力は控えめにしてEVモードの走行距離を確保、強い加速が必要なときにはエンジンの力も駆動力として利用するPHEVも存在します。このあたりはパラレルハイブリッドとしての機能で、ハイブリッド車によりしくみや働きが異なります。

　一方、レンジエクステンダーEVはあくまでEVなので、バッテリーの蓄電量が少なくなるまではバッテリーの電力だけで走行します。そして蓄電量が少なくなると、自動的にエンジンが始動して発電機を回し、モーターに電力を供給して充電ステーションまでの移動を確実にします。

⚙ 三菱アウトランダーPHEV／エクリプスクロスPHEV

エンジンで発電してモーターで走行するだけでなく、外部充電によりバッテリーを満充電
しておくことで、EVモードで56km（WTCLモード）の走行が可能。

⚙ プリウスPHVの外部充電ポートによる充電シーン

急速充電と普通充電に対応しており、
満充電で60km（WTCLモード）の
EV走行が可能となる。ちなみに、
トヨタではプラグインハイブリッド
車のことをPHEVでなくPHVと呼
んでいる。

POINT
◎PHEVはハイブリッドとBEVの中間的な存在
◎PHEVは走行のためのしくみでなく、充電のためのしくみ
◎家庭用のコンセントや充電ステーションなど、外部電源から充電できる

マイルドハイブリッド

マイルドハイブリッド車という言葉をよく聞きますが、これはどんなクルマですか？　普通のハイブリッド車との違い、良い点や悪い点はどんなところにあるのでしょうか？

▮比較的手軽に燃費改善を実現できるシステム

　ハイブリッド機構の中で、いちばん低コストでコンパクトな構造をしているのがマイルドハイブリッドです。

　エンジンが最も燃料を消費する、発進時や急加速時などの高負荷な状態のときにだけモーターで駆動力をアシストすることにより、エンジンの負荷を減らして、燃費を改善します。具体的にはエンジンの力で駆動させ発電機をモーターとしても機能する**ISG**（インテグレーテッド・スターター・ジェネレーター＝モーター機能付き発電機）とすることで、発進時のアシストに加えアイドリングストップからの始動時にも機能するようになります。アイドリングストップとの相性も良く、従来のスターターモーターよりも素早くスムーズにエンジンを始動できるのもメリットです。

　日本ではスズキの軽自動車に採用されている**Sエネチャージ**がマイルドハイブリッドの代表格で、たくさんのマイルドハイブリッド車が街を走っていることになります。また日産でもSハイブリッド、マツダはMハイブリッドの名で、同様のシステムを採用したクルマを販売しています（上図）。

　欧州の自動車部品サプライヤーは、ISGによるマイルドハイブリッドをより効率の良い48Vシステム（自動車の電源は通常12V）にすることを提案しています。また欧州では、48Vシステムでもエンジンと変速機の間に高出力なモーターを組み込んだハイブリッドシステムを搭載しているメーカーもあります。電圧とEVモードの走行距離からこれもマイルドハイブリッドと呼ばれますが、構造的にはパラレルハイブリッド（**P2タイプ** ➡ p132）に分類されるものでもあります（下図）。

　このようにマイルドハイブリッドと一口に言っても、実際にはさまざまなシステムがあり、その機能にも車種によってかなり違いが見られます。

　モーターだけで走行できるフルハイブリッドと比べ、導入コストは低く、既存の車両に追加しやすいなどメリットもありますが、**CO_2排出量**の削減効果はフルハイブリッドよりも低いため、今後厳しくなる**排ガス規制**に対応するためのデバイスとしては、やや力不足な面もあります。現在は乗用車に採用が進んでいますが、5年後、10年後にはフルハイブリッドに置き換わっていくものと思われます。

⚙ マツダのスカイアクティブ−Xに組み合わされたMハイブリッド

円筒形の部品がISG。従来は発電機としてだけ使われてきた部品を、モーターとしても機能するようにしてエンジンと強靭なベルトで連結、専用のバッテリーと制御するためのECUを搭載することで、システムが完成する。

ISG

⚙ ドイツのメガサプライヤーZFが開発したハイブリッドAT

従来のトルクコンバーターの位置にモーターとクラッチを組み込んでいる。構造的にはパラレルハイブリッドだが、48Vで作動し、小さなバッテリーを組み合わせてマイルドハイブリッドとして使われている。

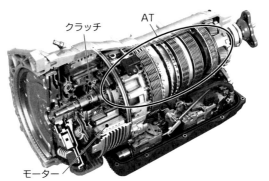

クラッチ　AT

モーター

POINT
◎マイルドハイブリッドはハイブリッドの中で最も低コストでコンパクト
◎発進時や高負荷時にのみモーターで駆動力をアシストし燃費を改善する
◎導入コストは低く既存の車両に追加しやすいが、CO_2削減効果は高くない

燃料電池車（FCV）

2-8 究極のエコカーと呼ばれる燃料電池車は、EVとどう違うのですか？
普通のEVと比べて、メリットやデメリットはどんなところにあるの
でしょうか？

■ FCVもEVの一種。水素と酸素から電気を作る

　FCV（Fuel Cell Vehicle：**燃料電池車**）もEVの一種です。違いはバッテリー（電池）ではなく**燃料電池**により電力を供給するところで、タイヤを駆動するのはEVと同じくモーターを使います（上図）。燃料電池とは、電力を貯めておくのではなく、電気を作る原料を貯めておき、必要に応じて電気を作り供給するもので、燃料から電気を作り続けるというタイプの電池です。

　クルマに使われる燃料電池は、現在**水素**を貯めておき、空気中の酸素と反応させることで電気を作り出すしくみとなっています。それ以前は、ガソリンから水素を取り出したり有機溶剤を利用したものも開発されていましたが、電気への変換効率やインフラの問題から、水素燃料電池が主流になりました。

　燃料電池には水素と酸素を反応させる触媒が必要ですが、安定して電気を作り出すには劣化しにくいPt（白金）などの**希少金属**が使われるのが一般的で、必然的にコストは上昇します。さらに水素は非常に小さくて軽い元素なので、**航続距離**を伸ばすために多くのエネルギーを溜め込むには密度を大幅に高める必要があります。現在、FCVの水素貯蔵タンクとして使われているのは70MPa（700気圧）という極めて高圧に耐える超高圧ボンベです（下図）。さらに水素が通る配管類は、水素が透過してしまわないように特殊な合金が使われており、継ぎ手などの処理も密閉性を高めるために特殊な処理が必要になっています。

　このようなことから燃料電池システムはどうしても高価になり、バッテリーをたくさん搭載する**BEV**と比べても、価格面での優位性はなくなってしまいます。

　しかし水素は電気と比べて充填時間が短く、ガソリン並の補給時間で再び走行が可能です。最新のFCV、新型トヨタMIRAIは1回の満タン充填で850kmの航続距離を誇ります。一方、水素を充填できる**水素ステーション**は日本全国に150ヶ所程度しかなく、日常的に使用するクルマとしては利用条件が限られるのも事実です。

　また燃料となる水素も、再生可能エネルギーで水から電気分解すれば非常にクリーンなものとなりますが、現在は**天然ガス**から改質したもので、生成時にはCO_2を多く発生するので、現実的にはBEV同様、完全にエコなクルマとはいえません。

⚙ 新型トヨタMIRAIのパワートレイン&サスペンション

３つの円筒状のものが超高圧水素タンク。衝突事故の際にも衝撃を受けにくいように、車体の内側にレイアウトされている。エンジンのように見えるのが燃料電池スタックと電圧を高めるコンバーター、PCUがまとめられたユニット。後輪の間にあるのは回生エネルギーを蓄電するバッテリーで、駆動用モーターはその下にある。

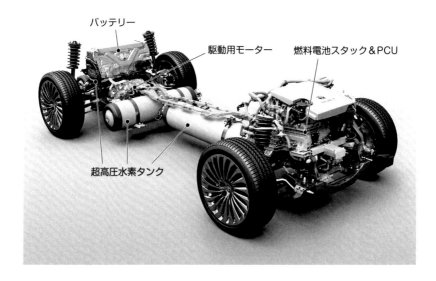

バッテリー　　　　駆動用モーター　　燃料電池スタック＆PCU

超高圧水素タンク

⚙ トヨタMIRAIに搭載されている高圧水素タンクの断面図

強靭なCFRP(炭素繊維強化プラスチック)によって成形されており、700気圧という途方もない高圧に耐え、圧縮された水素を貯蔵することができる。

POINT
◎FCVは燃料電池により電力を供給して、モーターを駆動する
◎燃料電池は水素を燃料に、空気中の酸素と反応して電気を作り出す
◎車両価格が高く、水素ステーションが不十分なことが普及への課題

バッテリーが車両の生産コストを上昇させてしまう

EVはガソリン車と比べると価格が高くなっています。エンジンに比べてモーターの方が安くなる印象があるのですが、バッテリーが価格を上昇させてしまうのでしょうか？

■リチウムイオンバッテリーは高性能だが、希少金属を使うので高価

　ハイブリッド車では、バッテリーにニッケル水素電池を用いている車種もまだ多く存在していますが、プラグインハイブリッド車やBEVはほぼ全モデルが**リチウムイオンバッテリー**を採用しています。これはエネルギー密度が高いことから、同じ重量のバッテリーを搭載した場合、**航続距離**を長くすることができるからです。

　しかしリチウムイオンバッテリーにもデメリットは存在します。それはまず高いエネルギー密度を誇るために安全性に特に配慮する必要がある、ということです。バッテリーのセル内部に不純物が混入してしまうと、異常発熱などの原因になり、発火事故につながる可能性が高まります。日本のバッテリーメーカーは、信頼性を高めるために不純物の混入を防ぐなど、より品質の確保に注意を払っています。そのため、中国や韓国のバッテリーメーカーの同等品と比べると、どうしても生産時の工程や検査などが多くなり、コストが上昇してしまうのです。

　また、リチウムイオンバッテリーはリチウムイオンが移動することで電子を運ぶしくみで（上図）、製造には多量のリチウムとコバルトといった**希少金属**を必要とするため、材料代だけでも相当なコストとなります。

　したがって、たくさんのバッテリーを搭載して航続距離を増やそうとすると、車両価格に占めるバッテリーの調達コストが大きくなり、結果として高額なクルマになってしまいます。テスラは、逆転の発想でこの問題を解決し成功しました。モデルSはリチウムイオンバッテリーを大量に搭載し、450km以上の航続距離と圧倒的な加速性能を実現させることで高級EVとしてのキャラクターを確立しました（下図）。それまでEVベンチャーはシンプルなEVのしくみを利用し、小型で安価なモビリティを提案してきましたが、テスラによってそんなイメージは覆されました。

　ホンダやマツダは、このところ相次いでEVを発表していますが、どちらも日本のパナソニック製のバッテリーを搭載し、その容量も35.5kWhとやや控えめなサイズです。これは車両価格を抑えるためでもありますが、それだけではありません。バッテリー生産時にもCO_2を排出するため、大量に搭載すれば実質的にCO_2の排出量を増やしてしまうことにつながるからです。

リチウムイオンバッテリーの原理

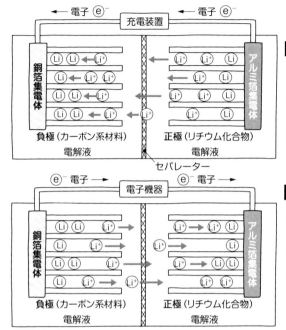

充電

正極のリチウムがイオン化（Li⁺）して電解液とセパレーターを通過し、負極へ移動して結晶層の間に溜められる。その際、分離した電子は外部回路を通って負極に移動し、正極と負極の間に電位差が発生する。

放電

電位差を解消するため、負極のリチウムがイオン化して、電解液とセパレーターを通って正極に移動する。分離した電子は外部回路を通って正極に向かう。正極に到達したリチウムイオンは外部回路から来た電子とともに取り込まれ、コバルト酸リチウムやマンガン酸リチウムに還元される。

リン酸鉄リチウムイオンバッテリーLiFePO₄を搭載するテスラのモデル3

リン酸鉄を正極に用いたLiFePO₄は、エネルギー密度が若干低くなるがコストが抑えられることから、テスラが中国工場生産製のモデル3に採用している。今後、エネルギー密度を高める改善が進めば、採用する車種は増えていくと思われる。

POINT

◎リチウムイオンバッテリーは、リチウムとコバルトが材料なため高価
◎今後はコバルト不使用のリン酸鉄リチウムイオンバッテリーも普及していくと見られる

バッテリーの能力が航続距離、加速性能などに影響する

EVの場合、バッテリーの搭載量によって航続距離が決まるのはわかりますが、それ以外にも影響する性能があると聞きました。それはなぜでしょうか？

■モーターはパワフルでも、バッテリーが出せる電力が加速力に影響

エンジン車の場合、燃料タンクの大きさは1回の給油で走れる航続距離に影響を与えるだけですが、BEVやプラグインハイブリッド車の場合、バッテリーの容量や能力が**航続距離**だけでなく、**加速性能**や**充電時間**といった要素にまで影響を与えます（上図）。航続距離を決めるのは、バッテリーの容量と車重、モーターの出力を含めたパワートレインの使い方です。モーターは出力が高い方が定格の消費電力は大きくなりますが、実際の走行ではどれだけの負荷がモーターにかかるかで変わってきます。適切な減速比を用いることができれば、日常的に使う速度域での加速性能を確保しながら、モーターへの負荷を抑えることになり上手に電気を使えます。

そうした工夫によって、同じバッテリー容量でもより航続距離を長くすることはできるのですが、バッテリーの能力によって加速性能の限界や、急速充電の限度が決まってしまうこともあります。というのも、モーターやPCUに余裕があっても、バッテリーの充放電能力に制限があれば、一気に大きな電流を出し入れすることが難しくなってしまうからです。

バッテリーは同じ大きさでも種類によって充放電できる容量が異なるだけでなく、1つのセルごとに発生できる電圧や電流の大きさ、充電時に受け入れられる電圧の上限など制限があります（下図）。

例えばテスラは、日本発の充電規格**CHAdeMO**〈➡p102〉にも対応していますが、独自の充電ステーション「スーパーチャージャー」を都市部に配置し、大電流での急速充電を実現しています。最新仕様は250kWもの大電流を供給できますが、そのためにはバッテリーの方でも大電流を受け入れる能力が要求されるのです。

日本の急速充電器も、EVの普及に合わせて、供給できる電圧や電流の大きさを増やしています。現在では500Vの電圧で400A、すなわち200kWまでの充電に対応する規格となっていますが、今後はさらに大電流に対応することが決まっており、車体やバッテリーの方もそれに対応していくことになります。バッテリーに負荷をかけ過ぎれば、寿命が縮まるだけでなく、最悪の場合は火災事故につながってしまうので、細心の注意を必要としつつ充電の効率化はこれからも進められていくでしょう。

⚙ VWのEV e-UP！

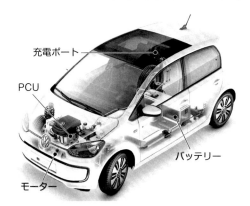

充電ポート

PCU

モーター

バッテリー

コンパクトなクルマはEVにすると モーターもバッテリーも比較的低コストで済むが、乗員がフル乗車した場合や、高速域での加速能力まで考慮する必要がある。そのためモーターだけでなく、バッテリーにも十分な充放電能力が求められる。

⚙ エネルギー密度と出力密度

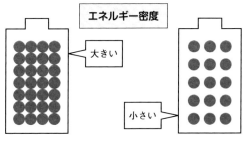

エネルギー密度

大きい

小さい

エネルギー密度は、どれだけのエネルギーを内部に溜め込めるかということで、同じ大きさのバッテリーでも溜められる電子の量は種類によって変わる。同じサイズ、重量のバッテリーならより多くの電子を溜め込める方がエネルギー密度が高いことになる。

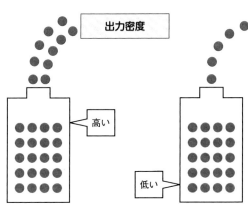

出力密度

高い

低い

出力密度は、一度にどれだけのエネルギーを放出できるかということ。たくさん電子を蓄えていても、少しずつしか放出できなければ、大きなエネルギーは作れずに細々と長くエネルギーを供給することしかできない。

POINT

◎バッテリーは航続距離だけを考えて搭載量が決められているわけではない。どれだけ大きな電流を出し入れすることができるかで、加速性能や充電時間が決まる

過疎地でもインフラが整っており、日本中で充電可能

ガソリンスタンドは減っていますが、充電ステーションは増えているのでしょうか？　今後EVが普及するために、充電する環境は整っているといえますか？

■急速充電器の設置数はまだ少ない

　急速充電器の設置は、全国で約7800ケ所を超えた程度（2021年度現在）であり（上図）、そのほとんどは急速充電器を1基だけしか備えていませんから、充電ステーションは今後EVを普及させようというのであれば、急ピッチで拡充させることが望まれます（中図、下表）。しかし自宅（一戸建が条件）に駐車場があれば、**普通充電器**は簡単に設置可能です。

　電気は、日本で最も普及している社会インフラです。離島でも無人島でなければ電気はほぼ供給されており、国民に対する普及率では100％となっています。普及率だけで見れば世界の125ヶ国で100％となっているのですが、安定性や信頼性といったことまで考えれば、日本はトップ10に入るほど電力供給が安定している国です。

　落雷により一時的に停電になっても、数時間で復旧しますし、震災などの大規模災害でも数日中にはほとんどの地域で電気の供給が回復してきた経緯があります。震災時、ガソリンスタンドには給油のために行列ができ、何時間も待って20L程度の給油しか受けられなかったことを考えると、災害時の移動手段としてエンジン車を使い続けることにはリスクがあるのも事実です。

■過疎地で難しくなるガソリンの給油

　ガソリンを船便で輸送する必要がなくなるというメリットから、離島ではEVの普及が進んでいます。最近では離島だけでなく、燃料を貯蔵しておく地下埋没タンクの交換費用が捻出できない（採算が取れない）ため、全国でガソリンスタンドがどんどん減っている状況で、過疎地ではガソリンを給油するために何時間かかけて往復しなければならないような事態に陥っている地域も出てきています。

　しかしEVであれば、自宅でも充電できることから、一軒家が多い地方の過疎地には好都合と言えるでしょう。さらに高齢化が進んでいることから、自宅のコンセントで普通充電するだけで毎日の移動手段に使えるような超小型モビリティが、今後は普及していくことが考えられます。電気をどうやって作るかという電源構成については、日本はまだまだ課題を抱えていますが、電気の安定供給と送電網の充実という部分に関しては、世界でもトップレベルにあると言っていいでしょう。

☼ 地下駐車場に設置された充電ステーション

このように何台も充電できる施設はまだ限られているが、着実に増えている。急速充電器を複数備える充電ステーションがまだまだ少ないのが課題だ。

☼ EVの充電が可能な場所

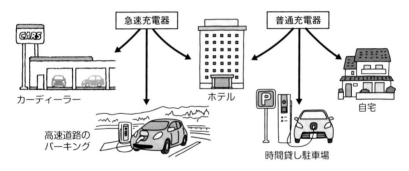

☼ EV用の普通充電器、急速充電器の例

	普通充電器		急速充電器	
	−	倍速タイプ	中容量タイプ	大容量タイプ
電圧	AC100V	AC200V	DC500V	DC500V
電流	15A	15A	60A	125A
電力	1.5kW	3kW	20kW	50kW
フル充電	約20時間	約10時間	−	−
80%充電	−	−	30分〜1時間	15〜30分

ACは交流、DCは直流
※充電時間は日産リーフ（30kWh）での目安

POINT
◎EVの行動半径を広げる急速充電器は、まだ設置数が少ない
◎送電網は全国に張り巡らされているので、普通充電なら自宅で充電可能
◎自宅のコンセントで充電して使える超小型モビリティの普及が考えられる

走行音が静か過ぎて歩行者が気付かない

住宅街を歩いているとき、ガソリン車などに比べて EV やハイブリッド車の走行音がしないため、近付いてきても気付かないことがあります。どうしてあんなに静かなのでしょうか？

■ モーターと減速機構だけの EV は静かだが、それ故に安全対策も必要

エンジンは空気や燃料を圧縮して燃焼させるため、排気ガスにはまだ圧力が残っています。最終的にマフラーから出るまでに圧力を落とすことで消音していますが、排気管の中で共鳴している音が車外で聞こえることもあります。

またエンジンには排気ガスを出し入れするための吸排気バルブ機構や、そのバルブを駆動するカムシャフトを回すベルトやチェーン、燃焼時にはピストンが振動してシリンダーと接触するなど、さまざまな音の発生源があります（上図）。

変速機も歯車機構の噛み合う瞬間など、機械が作動音を発生する部分がいくつもあり、振動や音を軽減するためにいろいろな工夫をしています。

それに対し、モーターで走行する EV やハイブリッドの EV モードは、モーターの微かな作動音と減速機構のシンプルな歯車だけが音の発生源なので、もともと生じる音が少なく、とても静かなパワーユニットだといえます（下図）。

ところが商店街や住宅地など、歩行者とクルマが接近するシーンが多い環境では、この静かさがマイナスに働くこともあります。歩道がない道路では、後方からクルマが近付いてきても歩行者が気付かないことになり、クルマの接近に驚いたり、知らずにクルマの進路を遮ったりする危険が出てくるのです。そのため、あえてモーターの音を強調しているハイブリッド車や EV も存在します。

実はクルマが走行時に発生する騒音についての規制は、2016年から厳しさを増しており、今後もより静かさが求められることが予想されています。50km/hで定速走行している状態や、そこから加速したときの走行音が規制の対象となっていますが、規制をクリアするために走行音が静かなクルマに仕上げれば、規制の計測時よりもゆっくり走ったときには、さらに静かなクルマとなることは想像に難くありません。よって今後は、50km/h以上の車速ではより静かなクルマとなる一方で、極低速で走行する住宅地や商店街など歩行者の多い環境では、周囲に存在を知らせるような音を発生させる必要が出てくるかも知れません。**衝突被害軽減ブレーキ**など、歩行者が予測不能な動きをしたときにはクルマの方でブレーキを作動させたり、ステアリングを操舵して接触を回避する対策も必要となっていくでしょう。

ガソリンエンジンの構造

エンジンはガソリンを燃焼させるだけでなく、往復機関を回転運動に変える機構(ピストン、コンロッド、クランクシャフト)や、吸排気バルブを駆動する機構(カムシャフト)などの複雑なメカが作動音を発生させる。

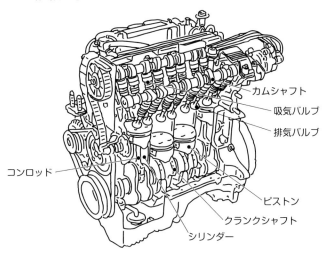

カムシャフト
吸気バルブ
排気バルブ
コンロッド
ピストン
クランクシャフト
シリンダー

モーターの構造

モーターは回転機関なので作動音は少なく、変速機も必要としないことから非常に静かで、振動も少ないのが特徴。

モーター
減速機構

POINT ◎EVやハイブリッド車のEVモードは静かなのがメリットだが、それが時にデメリットになることもある。歩行者とクルマが混在する状態では、存在を知らせる音や、衝突を回避する機能が必要

2-13 車体は重いが低重心で安定感がある

EVはエンジン車に比べて車重が重いようですが、それはなぜですか？
重いとクルマの揺れが大きくなったり、ブレーキの効きが悪くなった
りしないでしょうか？

■重いバッテリーを車体の中心、底部に収めて低重心化

　ガソリン車は、カタログデータの車重では燃料タンクに燃料は入っていません。そして仮に燃料を満タンにしても、エネルギー密度が**リチウムイオンバッテリー**〈➡p90〉の約40倍もあるため、30kgから50kg程度の重量増に収まります。しかも給油するだけで走行が続けられるため、コンパクトなクルマは燃料タンクをさらに小さくしても、それほど不自由することはありません。軽自動車では30L以下の燃料タンクを搭載している車種が大半です。

　それに対して、急速充電でも30分はかかるEVの場合、**バッテリーの搭載量**によって1日の行動半径に制約が出てきてしまうため、価格や車格に見合う容量のバッテリーを搭載する必要があり、どうしても車重は重くなってしまいます。

　しかしながらバッテリーユニットはバッテリーセルの集合体ですから、**セルを組み合わせたモジュール**をどう組み合わせるか、形状の自由度が高いため、車体の中で搭載する場所を選ぶことができるのです（上図）。

　運動力学上、重いバッテリーは車体の中央、そして底部に搭載することで、その影響を最小限に抑えることができます。そのため、ほとんどのEVやプラグインハイブリッド車は、乗員が収まるキャビンのフロア下にバッテリーを搭載しています（下図）。これにより実際の車重に対し、従来より運動性能や走行安定性に優れたクルマにすることができるのです。

　車重が重いことは加速性能を低下させる要因となりますが、モーターは停止した状態から強力なトルクを発生させるためエンジン車と比べて高い加速性能を発揮でき、それほど悪影響を与えません。むしろ静止状態からの発進加速では、変速機を組み合わせたエンジン車よりもEVやプラグインハイブリッド車の方が速く、ドライバーの加速要求に対する反応も鋭い傾向にあります。そして車重が重ければ減速時にもブレーキに負担がかかるのが従来のエンジン車ですが、電気自動車はモーターも**回生ブレーキ**〈➡p50〉として利用できるため、ブレーキへの負担はそれほど増えません。しかも低重心となるため、減速時にもエンジン車と比べてクルマの姿勢が安定するのも、バッテリーをたくさん積んだ電気自動車のメリットなのです。

✪ バッテリーの構成

バッテリーユニットは、セルの集合体であるモジュールの組み合わせ方によって決まるので、搭載場所に合わせることができる。

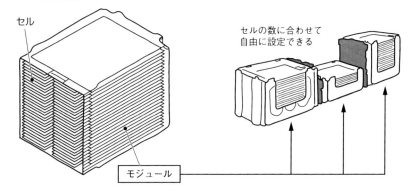

セル

セルの数に合わせて
自由に設定できる

モジュール

✪ マツダMX-30 EV MODELの透視図

バッテリーは前後タイヤの間、フロアの下に置かれている。また、後席の形状を利用して、バッテリーユニット後端は厚くボリュームがある。これにより前後の重量配分も調整することになり、安定した走行性能と高いハンドリング性能を確保している。

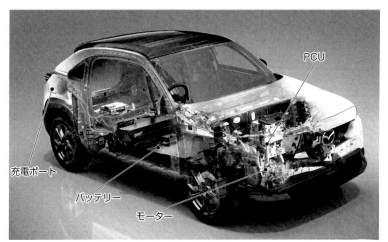

PCU

充電ポート

バッテリー

モーター

POINT ◎EVやプラグインハイブリッド車は車重が重い傾向だが、バッテリーを低く敷き詰めることで低重心化が可能。また、モーターの力強い加速もあって、高い運動性能と走行安定性を実現している

減速時には運動エネルギーを再び電気として回収

EVやハイブリッド車は、止まるときにバッテリーを充電している、と聞きました。それは、どのようなしくみによって実現しているのでしょうか？

◢強力なモーターが発電機となって大容量のバッテリーに蓄電

　ガソリン車は加速したときには燃料を燃やしますが、減速するときにはエンジンを抵抗として使う**エンジンブレーキ**と、各車輪に備わったブレーキの摩擦によって**運動エネルギー**を**熱エネルギー**に変換して消費しています。クルマによっては、発電機の負荷を高めて電装用バッテリーへ充電し電力として蓄えますが、それは運動エネルギーのほんの一部でしかありません。

　一方、モーターで車体を加速させるEVやプラグインハイブリッド車は、モーターが強力な分、減速時に運動エネルギーを電力に変換する能力に秀でています。モーターは電力を受けると駆動力を発生させますが、その逆にクルマが惰性で走っているとき、その運動エネルギーでモーターを回すことにより**発電**させることができます（上図、下図）。

　EVやプラグインハイブリッド車がこの**回生ブレーキ**による充電をより積極的に利用することができるのは、そのバッテリー容量が大きいためで、これによって1回の充電で走れる航続距離を伸ばしているのです。大電流を高速で充放電できる**リチウムイオンバッテリー**の特性を活かした、電気自動車ならではのメリットと言えるでしょう。

　この回生ブレーキによる充電は、ハイブリッド車が登場したときから積極的に使われ、燃費性能を向上するために役立てられてきました。

　しかしハイブリッド車の場合、バッテリー容量が大きくないため、回生充電でバッテリーが満充電になってしまうと、その後の回生エネルギーは充電に回せません。さらにエンジンブレーキのように車体の安定化のために回生ブレーキを使えるようにするために、あえて電力を消費してバッテリーに空き容量を作ることもあります。

　ちなみに、**FCV**は走行中に燃料電池で電気を作りながら供給しますが、安定して電気を供給するためにバッテリーに蓄え、全負荷加速など大電流を必要とする際には、燃料電池の発電とバッテリーの電力を足して大きな電流として供給します。そのバッテリーには、減速時の回生エネルギーも電力として溜め込むしくみになっています。

⚙ 回生ブレーキのしくみ

回生ブレーキは、運動エネルギーを発電機（モーター）によって電気エネルギーに変換し、バッテリーに蓄えるシステム。ガソリン車では減速時に消費していた運動エネルギーを、電気エネルギーとして回収している。

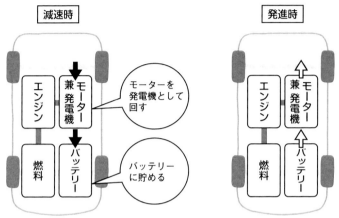

図はハイブリッド車の場合だが、EVではエンジンと燃料タンクがないだけで、エネルギー回生のしくみは同じ

⚙ 油圧ブレーキと回生ブレーキの作動概念図

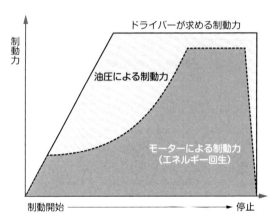

ドライバーがフットブレーキを操作して制動力を発揮させる場合、回生ブレーキによって制動力が大きく変化しないようにバランスがとられている（協調制御）。ドライバーは従来のエンジン車と同じ感覚でブレーキペダルを踏んでも、エネルギーを電力として回収していることになる。

POINT

◎EVやハイブリッド車は、駆動用モーターを強力な発電機としても利用している
◎減速時には、回生ブレーキによって運動エネルギーを電気エネルギーとして蓄電することで、航続距離を伸ばしている

2-15 運転操作が簡単、ワンペダルも実現

EVやシリーズハイブリッド車はモーターのみで走行していますが、「電気で走る」ということ以外にどのようなメリットがあるのでしょうか？

■効率が良いだけでなく、操作系がシンプルで反応も速い

エンジンはある程度まで回転数を高めなければ、十分な力を発揮することはできません。1回の燃焼で得られる力が限られるために、同じ時間内でたくさん燃焼させることで大きな力を得る必要があります。そのため**変速機**を組み合わせて、発進時には力を増幅して加速し、速度が高まってからはエンジン回転を落として走行できるように変速させています（上図）。最近は燃費を高めるため、8速や10速という多段変速機を採用していることも珍しくありません。

ところがモーターは静止した状態から強い力を発揮できるため〈➡ p66〉、発進用に力を増幅する必要がありません。速度が上がってモーターの回転数が上昇しても、電流の消費は負荷によって上下するだけなので、変速機は基本的に必要ないのです。そのため、エンジン車と比べると動力系の制御はずっとシンプルで済みます。

エンジン車はドライバーがアクセルペダルを踏んで加速要求を出すと、車速や負荷などをコンピュータが判断して、変速機のギアを変えてエンジン回転数を高めたり、燃料の増量、点火時期やバルブタイミングの変更など、瞬時にさまざまな要素を制御する必要がありますが、モーターの場合は電圧と電流（電力）、それに周波数だけと、ずっとシンプルなのです。そのためドライバーの操作が、ダイレクトに走りに反映されることになります。

また強力なモーターは減速時には**発電機**となるので、**エンジンブレーキ**のような抵抗となって車体の速度を減速させることができます。しかも従来は捨てていた運動エネルギーを電力として回収できるだけでなく、発電量を制御することで制動力を調整することができます。こうした特性を利用し、また電子制御のブレーキを組み合わせることで、アクセルペダルだけでほとんど速度コントロールができるようにもなっています。日産は**ワンペダル**というモードを作って、発進から停止までアクセルペダルだけで操作することができるようにしました（中図、下図）。

エンジンと違って、モーターは完全に回転を止めることができます。したがって**回生ブレーキ**を停止するまで使うことができるため、回生ブレーキの強さを調整することでドライバーが望む制動力をモーターだけで作ることも可能なのです。

⚙ エンジン車の動力伝達

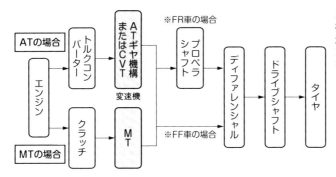

エンジン車は、変速機によってクルマの走行状態に応じたエンジン回転数に変化させている。

⚙ 日産リーフのセンターコンソール前端に備えられた操作系

セレクターレバーは操作を3方向(R、N、D/B)に絞り込むことで誤操作を防いでいる。「B」は回生ブレーキを強く効かせるモード。セレクターレバーの前にある「e-Pedal」のスイッチが、ワンペダルで操作するための切り替えスイッチ。

⚙ ワンペダルを採用した日産リーフ

長い下り坂などでは、アクセルペダルを少し戻すだけで車速を維持しながら回生ブレーキで発電も行なう。ワンペダルでなくても、アクセルを戻すだけで回生ブレーキは効き、車種によっては強弱も調整できる。

POINT ◎EVやシリーズハイブリッド車は、走行するための制御系が非常にシンプル。操作系も同様で、慣れるとアクセルペダルだけで加減速を調整することができる

自動運転との相性が良い

EVやプラグインハイブリッド車は、自動運転と相性が良いと聞きました。それはどうしてですか？　エンジン車の場合とは何が違うのでしょうか？

■制御系がシンプルだから、複雑な自動運転を組み合わせやすい

　これまで乗用車の**自動運転**の開発は、ほとんどがハイブリッド車を用いて行なわれてきました。それはEVでは充電の必要や航続距離の問題があることから、燃料を給油するだけで走行実験が続けられる、という利便性が理由です。エンジン車ではなくハイブリッド車やプラグインハイブリッド車が選ばれたのにも、もちろん理由があります。それは電動車は自動運転と相性が良いからです。

　自動運転は、走行中にカメラや**レーダーセンサー**で周囲の状況を判断しながら、走行を続けるシステムです。つまり、周囲の状況に常に気を配りながら、クルマの加減速や操舵を制御する必要があります（上図、下図）。エンジン車の場合、加減速の制御は、まずエンジンにどれくらいの加速を要求しているのか情報を送ると、エンジンは空気と燃料をどれくらい増やせばいいか判断して、スロットルバルブを開くだけでなく吸排気のバルブを開閉させるカムシャフトの角度を変化させて、燃料噴射のインジェクターから増量した燃料を噴射させます。そして、スパークプラグで点火するタイミングの変更を行なうのです。同時に変速機の方では、現在の車速とエンジン回転数から変速する必要があると判断すれば、ギアを変えてエンジン回転数を高めると同時に、より強い加速を実現できるよう準備をするのです。

　このエンジンと変速機の制御は連携して行なわれる必要があり、自動運転のコンピュータとエンジンのコンピュータ、変速機のコンピュータが常に情報をやりとりしながらさまざまな要素を決定して走行しなければなりません。

　その点、EVやプラグインハイブリッド車であれば、モーターだけの走行にすることで、加減速の制御がずっとシンプルに行なえます。それは、エンジンと違い燃料系も点火系も吸排気系の制御も必要なく、変速機も搭載していないため、アクセルペダルの踏み込みに対し電流を増減するだけで済むからです。

　実際の制御では、アクセルペダルを踏み込む勢いや道路の勾配、乗員数、バッテリーの蓄電量などから電流の大きさや周波数を制御していますが、それは高度ではあるもののずっとシンプルな構造で済みます。つまり前項で紹介した運転操作の簡便さが、コンピュータに運転させる際にも非常に役立つ、ということなのです。

✿ KDDIの自動運転車両（全体）

5G回線を使って開発中の、運転席を無人化して遠隔操作によりサポートする自動運転車両。車体にはいくつものカメラとLiDAR（赤外線レーザーレーダー）が備え付けられ、常に障害物を検知して、想定したルートを自動的に走行する。

✿ KDDIの自動運転車両（後部）

リアの荷室には自動運転の判断を行なうPCと、それを受けて車両の制御を行なうPC、さらには遠隔監視用のPCも搭載されている。車両制御PCはステアリングの操作と加減速を行なうが、これがエンジン車となると変速操作などもあり反応が鈍く複雑な動きになるため、ハイブリッド車両で開発が行なわれている。

POINT

◎自動運転の制御はカメラによる実際のルートの確認と障害物の検知を行ない、想定ルートと照らし合わせて、車体の制御を行なう。複雑な制御を素早く行なう必要があるため、モーターだけで走るシンプルな構造が向いている

EV、FCVには
エンジン車にない走りの楽しさもある!

　エンジン車が減ってしまうと、クルマの楽しみが薄らいでしまうことを危惧している方もいるようです。しかし心配は無用と言っていいでしょう。というのも、EVにはEVならではの走りの楽しさがあるからです。

　モーターは停止した状態から最大トルクを発揮できるので〈➡ p66〉、発進時の加速の力強さと、反応の鋭さが独特の魅力です。このダイレクト感は、よほどパワフルなエンジン車でなければ太刀打ちできません。

　静かで振動が少ないことも快適ですが、物足りない人のためにオーディオのスピーカーからエンジン音を発生させるシステムも開発されています。これにより周囲には迷惑をかけない静かな状態で、車内でスポーティなエンジン音を楽しむこともできるのです。

　バッテリーを床下に敷き詰めて低重心とすることで、独特の安定感を実現していることもEVの特徴ですが、実際のEVの走りの魅力は、そんな構造によって生まれる特性だけではありません。

　ドライバーの操作に対して、クルマの方で制御を緻密に工夫することにより、EVの楽しさと従来のクルマの楽しさを両立しているメーカーも登場してきました。

　マツダのMX-30 EV MODELは、そんな制御の緻密さによって、まるでガソリンエンジンのMT車を操っているような感覚を味わうことができ、スポーティで意のままに操れるフィーリングがとても魅力的です。スタイリングから来るイメージとは打って変わって、本格的なスポーツカーも真っ青の走りが味わえるのです。

　先頃、フォードはクルマ好きのためにガソリンやゴムの香りがする香水を用意したことを発表しました。しばらくは昔のクルマ趣味を懐かしむような、こんな楽しみ方も共存することになりそうです。

第3章

電気自動車のモーター

Motor for electric vehicles

電動モーターのエネルギー効率

EVやプラグインハイブリッド車は、エンジン車に比べて効率が良い
クルマと聞きました。それはモーターを使っているからですか？　な
ぜモーターは効率がいいのでしょうか？

■電導率の高い銅に電流を流し、回転させるだけなので効率が高い

エンジンは燃料と空気を取り込んで、圧縮してから燃焼させることにより、大きな
熱エネルギーを発生させます。しかし、高効率エンジンでも燃料エネルギーの3〜4
割程度しか**駆動力**としては取り出せていないのが現状です。それに対し、モーターは
電気の持つエネルギーのおよそ90%を駆動力に変換できていると言われています。

なぜこれほどの差があるのか、その理由を説明しましょう。

モーターは電流をコイルに通すことにより電磁力に変えて、磁力の吸着や反発と
いった作用を利用することで駆動力を生み出します。コイルは銅でできていて電導
率が高いため、消費電力に対しての損失が非常に少ないのです（上図）。それでも発
進時や急加速時など負荷が大きいときにはそれだけ抵抗になります。

つまり負荷の大きい状態では、電力を消費するとともに、抵抗となっている分だ
けは熱エネルギーとなってしまいます。そのためモーターにも冷却水を通して冷や
したり、オイルによって潤滑と冷却を行なっている部分はありますが、エンジンの
ように積極的に冷却しなくてもいい、つまりその程度しか発熱しないのです。

実際にはモーターに供給する電流は、**PCU**（**パワーコントロールユニット**）に
より電圧、電流、周波数などを変換しているため、この部分での損失もあります。
さらにバッテリーには、充電に使われた電流すべてが蓄えられるわけではありませ
んが、エンジンと比べればそれはずっと少なくて済むのです。

それに対して、エンジンは燃料の持つ熱エネルギーの大半を色々な形で捨ててい
ます。燃焼させて発生した熱エネルギーをすべて駆動力にできないだけでなく、複
雑な機械を高速で運転することによる**摩擦熱**などの熱を放出しながら、それをオイ
ルと冷却水で冷却（つまり熱を捨てている）しているのです（下図）。

ただしEVの場合、車両本体のエネルギー効率だけで判断することはできません。
車体やバッテリーを製造する際にはCO_2が発生しますし、走行で消費する電気を作
る発電時のエネルギー効率や、送電ロスなども考える必要があります。日本は現在
火力発電所で発電している比率が高いのですが、昨今の気候変動により、温暖化対
策として火力発電所の新たな建設は敬遠されています。

⚙ モーター内部の構造例

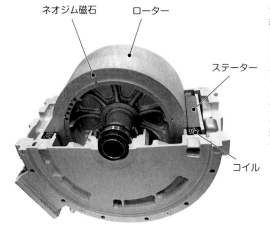

ネオジム磁石　　ローター

ステーター

コイル

モーターの内部には、純度の高い銅でできたコイルが巻かれている。コイルに電流が流されることで磁力が発生し、モーターを回す力が生まれる。中央で回転するローター以外に稼動する部品がないこともあって、エネルギー損失が少ないのがモーターの特徴。

⚙ 熱エネルギーの損失

エンジンは燃料の持つエネルギーの3〜4割程度しか駆動力として取り出せておらず、その4割からさらに摩擦損失などにより最終的に駆動輪に伝わるのは3割以下になってしまう。エンジン自体の放熱や、冷却により4割近くは捨てられてしまっている。

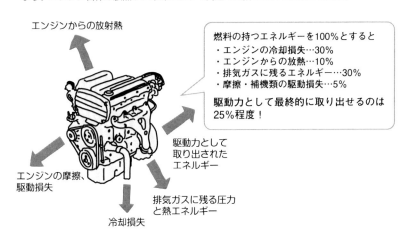

エンジンからの放射熱

燃料の持つエネルギーを100％とすると
・エンジンの冷却損失…30％
・エンジンからの放熱…10％
・排気ガスに残るエネルギー…30％
・摩擦・補機類の駆動損失…5％

駆動力として最終的に取り出せるのは25％程度！

エンジンの摩擦、駆動損失

駆動力として取り出されたエネルギー

排気ガスに残る圧力と熱エネルギー

冷却損失

POINT
◎エンジンは全エネルギーの3割程度しか駆動力として使うことができない
◎モーターは電気エネルギーの約9割を駆動力に変換できる
◎EVでは発電時のエネルギー効率や送電ロスなども考慮する必要がある

レシプロエンジンは熱エネルギーを捨てている

前項の説明により、モーターの効率が良いということは理解できたのですが、エンジンはどうしてモーターほど効率を高められないのでしょうか?

■往復機関では次々燃焼するために、エネルギーの変換に限界がある

モーターが回転機関であるのに対し、一般的なエンジンは往復機関であり、ピストンの往復運動を回転運動に変換して駆動力として取り出しています。そのため連続的に運転させるには、まだエネルギーが回収し切れていない状態でも燃焼ガスを排出して、新たなエネルギーを取り込まなくてはいけない、という構造上の制約があります。

このようなことから、排気ガスには熱と圧力といったエネルギーがまだ十分に残っており、この排気エネルギーを利用したしくみが色々組み込まれています。

まず最初に排気熱を利用するのは、排気ガスを酸化還元させる触媒コンバーターです。ガソリン車の場合、排気ガスには窒素酸化物（NOx）や炭化水素（HC）、一酸化炭素（CO）といった有害な成分が含まれています。これらを無害化するためには触媒の温度を高める必要があるため、排気ガスの熱が利用されています。

エンジンに圧縮した空気を送り込んで、同じ排気量でも大きな出力を得るターボチャージャーも排気エネルギーを利用した過給装置です。エンジンの排気量を縮小して（ダウンサイジング）、加速時に大きな力を得るために利用しているエンジンが増えています（上図）。

最終的に残った排熱を回収するヒートコレクターという装置を搭載しているクルマもあります（下図）。特にハイブリッド車では、エンジンを使っている時間が短くなるほど再びエンジンを暖めるために燃料をムダ遣いしてしまうため、早くエンジンを暖めるために捨てている排気ガスの熱を回収して冷却水を暖めています。

これだけ排熱を利用しても、熱効率は4割に届くのがやっとといったのが、エンジンの現状なのです。

そのためエンジンの効率の良い領域だけを利用し、それ以外の領域はモーターが駆動力を発揮することで燃費を高め、燃料の持つエネルギーをムダなく使おうというしくみがハイブリッド車のパワートレインというわけです。エンジンで加速した運動エネルギーを、減速時に電力として回収できれば、それはエンジンの効率を高めていることと同じになるのです。

⚙ ターボチャージャー

ターボチャージャーは排気圧力によってタービンを回すことにより、同軸上のコンプレッサーで吸入空気を圧縮し、シリンダーに送り込んでいる。

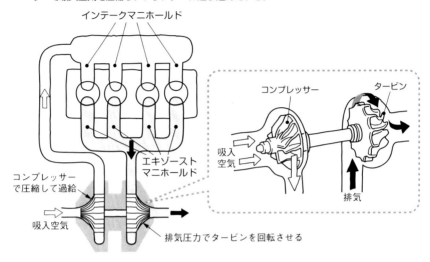

インテークマニホールド

コンプレッサー

タービン

吸入空気

排気

コンプレッサーで圧縮して過給

吸入空気

エキゾーストマニホールド

排気圧力でタービンを回転させる

⚙ ヒートコレクター

ヒートコレクターは、排気ガスに残っている熱エネルギーを回収する最後の手段。冷間時に早くエンジンや変速機を暖めることで、熱損失を減らしている。さらに温度差を利用した熱発電を排熱で行なうことも研究されている。

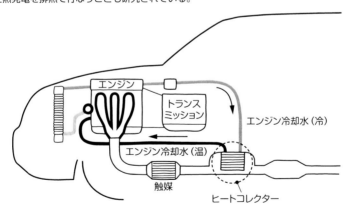

エンジン

トランスミッション

エンジン冷却水（冷）

エンジン冷却水（温）

触媒

ヒートコレクター

POINT
◎エンジンは往復機関であるため、エネルギー変換には限界がある
◎排気エネルギーは、ターボチャージャーなど色々な形で利用されている
◎ヒートコレクターは最終的に残った排熱エネルギーを回収している

モーターは高回転になっても損失が増えない

3-3

モーターは発進・加速が強力で、基本的に変速機も搭載していませんが、エンジンと比べて低回転が得意なのでしょうか、それとも高回転が得意なのでしょうか？

■エンジンは効率の良い回転数域がある程度決まっている

エンジンは出力を高めるために、一定時間内でたくさんの燃料を燃やすべく回転数を上昇させます。これによってクルマは加速し、スピードを高めていくのですが、**往復機関**のため効率の良い回転数域がある程度決まってしまいます。空気や**燃焼ガス**にも慣性力などの力が働くので、それを見込んだ吸排気の通路の太さやバルブ開閉のタイミングが決定されています。

回転数を高めるほど、一定時間内の燃焼回数は増えるので出力を向上させやすいのですが、一定レベルを超えると効率が落ちてしまうのです。また回転数が高い状態では燃焼回数が多いので、高速巡航時にエンジン回転数を抑えて燃費を高めるためにも**変速機**が重要な役割を占めています。

■モーターはローター以外は動かないシンプルさで全域高効率

一方モーターは、回転数の高低では損失はそれほど変化しません。シンプルな構造で回転する**ローター**が直接駆動力を発生しているので、**摩擦損失**もほとんどなく、加速や車重による負荷がモーターの抵抗になるのが大半です〈➡ p59・上図〉。

しかもローターには回り続けようとする慣性力が働くので、定速走行では電力消費が少なくて済みます。そのためクルマのようにエンジン回転を抑える**変速機**を搭載する必要がほとんどないのです。ただ大型モーターは、ローターが大きく重くなるのでトルクも大きくなりますが、小型のモーターほど高回転まで回りません。

個々のモーターによって特性は異なるものの、一般的に小さなモーターの方が高回転型になる傾向があり、用途や重量、スペースなどの制約から最適なモーターが選択、あるいは設計されています。

EVの場合、**減速機**が組み込まれているのは、モーターのトルクを増幅して発進時の加速力を確保するためと、左右の駆動輪に駆動力を分配する**デファレンシャルギア**へ駆動力を伝えるためです（上図、下図）。

そのためタイヤの回転よりもかなり高回転型のモーターが使えることになり、比較的小型のモーターを採用することにより、コンパクトで軽量なパワーユニットを作り上げることができるのです。

⚙ Eアクスル

モーターと減速機、デファレンシャルギア、ドライブシャフトの支持まで1つのモジュールでまとめられているユニットをEアクスルと呼ぶ。これをシャーシに搭載するだけで電動車両に仕立て上げることができる〈➡ p76〉。

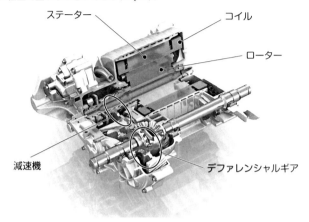

ステーター

コイル

ローター

減速機

デファレンシャルギア

⚙ 変速機構を備えたEアクスル

現在、研究開発されているEアクスルの中には、変速機構を備えたものもある。これによりモーターの回転数とトルクを変化させて、より効率の高い走りを実現しようとしている。

モーター

減速機

変速機構

POINT
◎エンジンは効率の良い回転数域がある程度決まっている
◎モーターは回転数の高低によって損失はあまり変化しない
◎EVの減速機は、トルクを増幅してモーターを小型化するために組み込まれている

部品点数が少なく摩擦損失も少ない

3-4

モーターはエンジンに比べて効率が良いと言われていますが、「電気を使っている」ということ以外に、優れているのはどのような点でしょうか?

◢ 構造がシンプルで稼動部品が少ないので摩擦が少なく信頼性も高い

エンジンは、ピストンの往復運動を回転運動に替えるコンロッドやクランクシャフトだけでなく、**燃焼室**で吸排気を行なうためのバルブを駆動するために、小さな部品も多く使われており、エンジンだけで数万点の部品が組み付けられています。エンジンの摩擦による損失は、燃料の持つエネルギーの1割程度と言われています。

それに対してモーターは、**ローター**の回転をそのまま取り出すだけです。EVやハイブリッド車に使われるブラシレスモーターの場合、動かないステーターの方に電流を流すため、モーターの駆動回路が電流の切り替えを行なうだけで、機械的な構造はとてもシンプルにできています。ローターは磁性鋼板という特殊な鋼板を積層した中に強力な永久磁石を埋め込んだもので、ステーターにはコイルが組み込まれ電流の強弱で加減速を制御します。したがって、エンジンの100分の1といっていいほど、部品点数は少なくなっているのです（上図）。そのシンプルさは生産コストだけでなく、実際に稼働しているときにも効いてきます。ローターの回転による**摩擦損失**は、ボールベアリングなどの軸受で軽減しているだけでなく、冷却も兼ねた潤滑油による潤滑でもかなり低減されています。回転するだけで、しかもその部品はローターだけなので、圧倒的に摩擦損失が少ないのです。

◢ EVでは冷暖房などの熱源を用意する必要がある

エンジンの場合、可動部の各部は潤滑も積極的に行なわなければならないので、**オイルポンプ**で圧送して、油圧を確保する必要があります（下図）。それに対してモーターは、ローターの回転によるオイルのかき上げで潤滑や冷却を確保できるので、ポンプの駆動による損失もありません。

モーターやPCUも積極的な冷却が必要ですが、エンジンほど発熱するわけではありません。そのためエンジン車では冷却水の熱を利用した暖房を実現していますが、EVでは熱源を別に用意する必要があります。熱を作るには、それだけエネルギーが必要で、EVの場合はPTCヒーター（温度により抵抗が変わることを利用したヒーター）やヒートポンプ式エアコンなどが使われていますが、この冷暖房での電力消費が大きいことが、EVの課題の1つとなっています。

❖ モーターのシンプルな構造

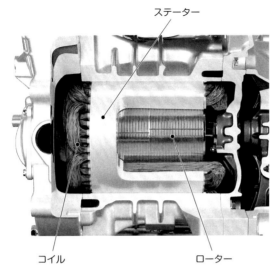

ステーター

コイルが巻かれているのがステーター。中心にはローターが収まり、磁力の吸着と反発を利用して回転する力を発生させる。ローターやステーターの多くには、特定の方向に強く磁力が働く磁性鋼板が使われている。

コイル　　　　　　ローター

❖ エンジンの潤滑システム

エンジンを潤滑するエンジンオイルは、オイルパンに溜められ、オイルポンプを動力としてオイルギャラリーを循環し、冷却する。

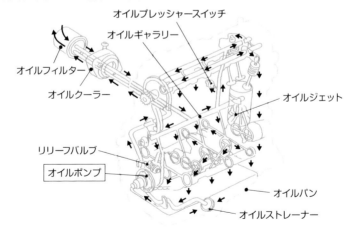

オイルプレッシャースイッチ
オイルギャラリー
オイルフィルター
オイルクーラー
オイルジェット
リリーフバルブ
オイルポンプ
オイルパン
オイルストレーナー

POINT
◎部品点数の多いエンジンの摩擦損失は、燃料の持つエネルギーの1割程度
◎構造がシンプルなモーターの摩擦損失は、エンジンに比べて非常に少ない
◎冷暖房による電力の消費が、EVの課題の1つとなっている

静止している状態からの発進加速がすごい

3-5

EVやプラグインハイブリッド車は発進時の力強さが印象的ですが、どうしてこのような特性になるのですか？ これに対してエンジン車はどんな特徴がありますか？

■エンジンは中回転域で最大トルクを発揮する

モーターの**トルク特性**は、エンジンとは全く違います。エンジンはガソリンとディーゼルでも大きく異なりますが、**アイドリング**からエンジン回転が上昇するに従いトルクは増大し、やがて高回転域になると効率が落ちていきます（上図）。エンジンは1回1回の燃焼によって駆動力を得るため、ある程度回転数が上昇して、吸気と排気のバランスが取れた状態にならなければ強いトルクを発生することは難しいのです。しかも、高回転になると吸排気の作業は追い付かなくなり効率は落ちてしまうことがあります。**バルブタイミング**を可変する機構は、こうした弱点を補うものとして、今やほとんどのエンジンに備わっていますが、それでも完全に弱点が解消されたわけではありません。

またエンジン車の発進時にはエンジン回転を上昇させつつ駆動力を伝えるので、いきなり全ての駆動力を一気に伝えると変速機などの駆動系に衝撃が伝わり壊れてしまいかねません。そこでエンジン車には駆動力をスムーズに伝える**クラッチ**が備わっています（AT車に使われている**トルクコンバーター**も流体クラッチという、液体のせん断抵抗を利用したクラッチの1種）。

■アイドリングがないモーターは、静止している状態から動力が直結

一方、モーターはエンジンのようにアイドリングさせておく必要がなく、停車中はモーターの回転を止めています。モーターは磁力による吸着と反発を利用して駆動力を発生させています。そのため、停止している状態からある程度の回転数まではほぼ均一な**最大トルク**を発生できるのです（下図）。

回転している状態では勢いがついているため、力を感じにくいのですが、静止している状態から最大トルクで加速すると最も加速度を体感できるため、モーターによる発進加速はドライバーにとって強力に感じられます。

この発進加速の力強さはEVなどモーター駆動の電動車の特徴でもありますが、その反面発進時には電力消費も大きいので、**巡航距離**が短くなってしまうことにつながります。そのため自動車メーカーによっては、あえて乗りやすさや巡航距離のために穏やかな発進加速に仕上げているところも出てきています。

⚙ エンジンの性能曲線

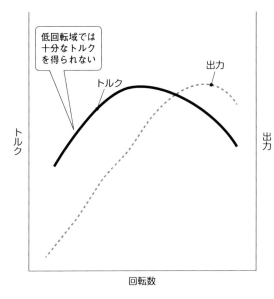

低回転では十分なトルクを得られない

トルク

出力

トルク

出力

回転数

エンジンは低回転域では十分なトルクを得ることができない。トルクは徐々に増していき、中間域で最大値を発揮する。このため、トランスミッションを用いることで発進から高速走行に至るまで効率の良いエンジン回転域を使い分けている。

⚙ モーターの性能曲線

モーターは極低回転から強いトルクを発生させることができる。停止時から最大トルクが得られるのが特徴で、このトルクは回転が上がってもしばらくの間維持される（定トルク運転）。回転数が最高出力に達するとトルクは下がりはじめ、定出力運転へと移行する。一方、出力は定トルク運転域までは上昇するが、それ以降は低下する。

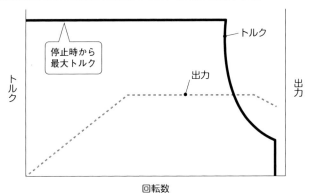

停止時から最大トルク

トルク

出力

トルク

出力

回転数

POINT
◎エンジンはある程度回転数が上がらないと十分なトルクを得られない
◎モーターはアイドリングがなく、停止時から強いトルクを得られる
◎発進時の電力消費を抑えるため、あえて穏やかな発進加速にする場合もある

モーターをより効率化する技術

EVはエンジン車よりも効率が良いと言われますが、モーターの効率を高める技術はすでに限界なのでしょうか？　それとも新しい技術が開発されているのでしょうか？

■インホイールモーターによる効率の向上

　EVのモーターをより効率的に使う手段として研究が進められている機構の1つが、**インホイールモーター**と呼ばれるしくみです〈➡p82〉。その名の通り、車輪の内側にモーターを組み込んで、直接タイヤを駆動するもので、車軸の中心においてドライブシャフトを介して駆動する従来の方法に比べ、**駆動損失**が少なく、効率が高まると言われています（上図）。しかし足回りのスペースの問題でブレーキとの共存が難しく、**バネ下重量**も重くなってしまうため、乗り心地や**操安性**※などに課題が残っています。しかし**減速機**を組み込んで小型化を図ると同時に、ややホイールから離して車体の内側に近付けることによりブレーキを備える構造も開発されています。

■変速機による効率の向上

　変速機はそれ自体で数％の駆動損失があり、生産コストや重量の増大といったデメリットもあることから、現在は電動車のほとんどに使われていません。特殊な例として、トヨタの縦型**THS**はモーターを小型化して、低速時と高速巡航の両方に対応できるよう、2速の変速機が組み込まれています〈➡p156〉。

　ただ、今後はEVにも変速機が導入されると予測されています。それはEVでもモーターをより効率良く使うためには、やはり変速機を利用する方が良いという考えがあるからです（下図）。

　内燃機関よりも回転域ははるかに高いモーターですが、それでもモーターの高回転化には限界があり、発熱などにより高回転域の上限でトルクが落ちてしまう特性は避けられません。そこで発進時と巡航時では減速比を切り替える変速機構が開発されています。

　EVのモータースポーツでは最高峰のフォーミュラEでは、変速機が採用されていますが、当初は7速だった変速段数が今では4速に減少しています。エンジンとは違い、幅広いトルク特性を誇るモーターでは、エンジンほどの変速比幅は必要ないことが検証されたのです。そのため市販車のEVでは2速から3速の変速段数で十分な効果が得られると見込まれています。また使っていないときにはモーターの抵抗を抑える、永久磁石を使わない誘導モーターも電動4WD用に利用されています。

※　操安性：操縦性と安定性を統合した用語。クルマがドライバーの意思や期待に応えるように動く性能をいう

✿ インホイールモーターの例

減速機

ディスクブレーキ

モーター

←日本の部品メーカーNTNが開発しているインホイールモーターの試作品。薄いモーターユニットには減速機が組み込まれており、ブレーキの内側に上手く収まるようにデザインされている。

ドラムブレーキ　　　モーター

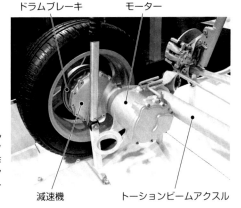

➡リアのトーションビームアクスルにマウントしたインホイールモーターの例。こちらはドイツZFの試作品。このようにリアサスペンションと一体化したインホイールモーターは他社でも開発されている。

減速機　　　トーションビームアクスル

✿ 変速機を備えた電動パワートレイン

PCU

モーター

変速機構

減速機

デンソーとアイシンが設立したBluE Nexusという新ブランドの試作品。遊星ギア機構の右側には制御用の多板クラッチが収まっていると見られる。

POINT
◎タイヤを直接動かすインホイールモーターは駆動損失が少ない
◎インホイールモーターは乗り心地や操安性などに課題がある
◎発進時、巡航時は減速比を切り替える変速機構が開発されている

3-7

レアアースの使用を減らす技術

EVのモーターにはレアアースという特別な素材が使われていると聞きました。それは何のために使用されていて、採用するメリット(デメリット)はどんなところにあるのでしょうか？

◩磁力と耐熱性を高める効果があるが供給リスクもある

レアアース（**希土類**）とは、レアメタルの中でも特殊な特性を持った元素のことを指します。EVにはモーターの磁力を高めるために磁性を強化するジスプロシウムやテルビウムというレアアースが使われています。磁石は、強力な**磁力**を実現できても、温度が上昇すると磁力が低下するという性質を持っています。それを補うために磁力に強い特性のレアアースを添加しているのです。

これらについては、中国が世界市場へのほとんどの供給を行なっており、価格を安くするために採掘する鉱床や精製の工場の廃水などの後処理を省くことによる環境破壊や、従事する作業員の健康被害の問題にもつながっています。また、中国はレアアースを政治的な交渉の道具にも使っていることから、常に供給が不安定になるリスクがあることも大きな問題となっています。

◩レアアースを削減するための技術開発

そこでレアアースの使用量を減らす工夫が自動車メーカーに求められることになり、各社独自の技術により対策が図られています。大きく分けてレアアースを使わない磁力の強い磁石を作るという方法と、より効率良くレアアースを利用することで使用量を抑える方法があります。

ホンダは神戸製鋼との共同開発でレアアースを使わないモーターを開発しており、粉末の材料を熱間加工で固める独自技術と、磁石の温度上昇を防ぐ技術で実現しています。トヨタはレアアースを磁石の表面に集めることにより、レアアースの使用量を抑えながら強い磁力を発生させる磁石を開発しています（上図、下図）。これらは供給リスクだけでなく、生産コストの低減や安定化にも結び付いています。

レアアースはEVに使われているのはもちろんですが、もっと身近なものではスマートフォンのバイブレーションやカメラのピント合わせ用のモーターなど、非常に小さくて強力なモーターを実現するため多くのものに使われています。クルマは大きな工業製品だけにほぼ100%がリサイクルされ、その96%は新しい製品に利用されるなどリサイクルの優等生ですが、スマホや家電製品などもリサイクルすることでレアアースなどの素材を回収して再利用するためのしくみ作りが進んでいます。

⚙ トヨタが2018年に公開した省レアアース磁石の構造

全体としてジスプロシウムを減らしてタンタルなどの軽希土類を配合した磁石の粒子を作り、その後ジスプロシウムの濃度が高い層で各粒子をコーティングするようにすることで、従来4%を含有させていたジスプロシウムを1/5減らしても、ほぼ同等の耐熱性と磁力を確保できるようにしている。　出典：トヨタ

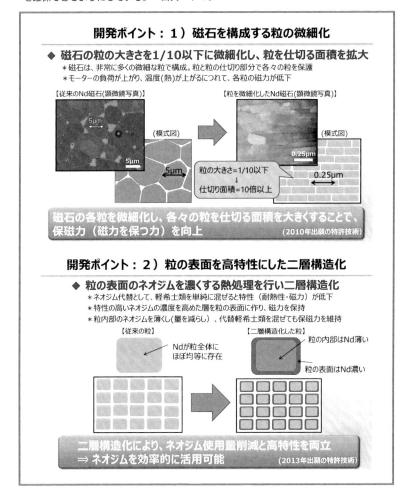

POINT
◎モーターの磁力を高めるレアアースには、供給リスクの問題がある
◎レアアースの使用量を削減するためには、使う量を減らす方法とレアアースを使わない方法があり、メーカー各社が技術開発を進めている

FF が基本という考えは電気自動車には通じない

3-8

エンジン車ではFFレイアウトが圧倒的に多い印象ですが、EVでもモーターはフロントにマウントして前輪を駆動する方式が主流となり続けるのでしょうか？

■FF が有利なのは、エンジン車ならではの理由が大きい

現在、クルマの駆動方式はフロントにパワーユニットを搭載し、フロントタイヤを駆動するFF※方式が圧倒的に主流です。リアタイヤを駆動するFR※、MR※、RR※は少数派となっていますが、これはエンジン車ならではの構造が大きく影響しています。そのためEVが普及してくるようになると、これまでのような「乗用車はFFが主流」という考え方が変わってくることになるでしょう。

エンジン車は、エンジンと変速機が大きく重く、しかも連結して使うためにパワーユニットとして一体化してマウントすることで生産効率や駆動効率を高めています。しかしEVでは、コンパクトなモーターと減速機だけで駆動輪を回して走行することができるために、リアシートの下などにもパワーユニットを収めることが可能です。

FFと同じくPCUをモーターの近くにマウントすることで、ハーネス類を短くして軽量化や効率アップを図るサプライヤーや自動車メーカーもありますが、スペースを有効に使う観点から、リアモーターを採用するケースも増えるでしょう（上図）。この場合、フロントタイヤの役割は操舵とブレーキだけになるので、4輪でタイヤのグリップがより有効に使えることが、まずはメリットとして挙げられます。しかも同じボディサイズで室内をより広くし、軽量で燃費や動力性能に優れたクルマを安く作り上げられるため、人気を博してきたFF車の魅力は、EVではリアモーター化することでより高められるのです。

さらにリアモーターの利点は、車格によっても変わってきます。すでに日本のEVやFCVでもリアモーターを採用しているクルマは登場していますが、それぞれ異なるメリットを有しています。ホンダeはコンパクトカーとしては珍しくリアモーターを採用していますが、これによってフロントタイヤの切れ角が増やせ、狭い道でも安心して走れる仕様になっています。また、トヨタMIRAIはリアモーターにすることで加速時の安定感も高まり、高級車らしい乗り味を実現しています（下図）。これは重量配分が改善できたこともあって、クルマの加減速による前後タイヤのグリップ力の変化が少なくなり、非常に安定した走行性能を得ることができたからです。

※ FF、FR、MR、RR：FF＝フロントエンジン・フロントドライブ、FR＝フロントエンジン・リアドライブ、MR＝ミッドシップエンジン・リアドライブ、RR＝リアエンジン・リアドライブ

⚙ リアモーターレイアウトを採用したBMW i3

リアにモーターをレイアウトしたため、フロントはクラッシャブルゾーンとしてラゲッジ
スペースを確保しているのみとなっている。

⚙ トヨタMIRAI（現行モデル）のモーターレイアウト

FCVであるMIRAIの先代モデルはFFレイアウトだったが、現行モデルはリアにモーター
を置き、リアタイヤを駆動する。エンジン車のFRプラットフォームを利用し、前後バラ
ンスに優れたクルマに仕立てられている。　　出典：トヨタ

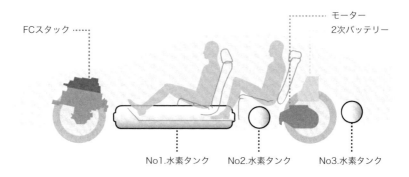

POINT
◎ガソリン車ではFFが主流となっているが、これはエンジンと変速機をパワ
ーユニットとして一体化してマウントし、生産効率や駆動効率を高めるため
◎EVではリアモーター化することで、スペースを有効活用することができる

3-9 パワーユニットをまとめて生産性を高めたエンジン車

前項でエンジン車の主流がFFになった理由はわかりましたが、その経緯を教えてください。また、EVでもFFレイアウトの方がメリットになる場合はありますか？

■クルマの進化の中で、パワーユニットの一体化がFF車を主流にした

クルマは、およそ140年前に誕生した頃は、馬車に空冷単気筒の小さなエンジンを付けただけの簡素な乗り物でしたが、今から100年ほど前にはシャーシのしくみが確立され、FRレイアウトが一般的なものとなっていました。

これはエンジン、変速機、プロペラシャフト、デファレンシャルギアが縦に並べられて、駆動力を後輪へと伝える部品をそのまま直線的に連結したシンプルなレイアウトで、シャーシ全体にパワートレインを配置することでスペースに余裕を持たせていました。エンジンと駆動系の機械がそれぞれ独立した状態で連結されているのは、素材の精錬や合金から設計、加工、生産に至るまでの技術が開発途上で、部品が大きく重く、各ユニットごとに十分な強度を確保する必要があるためでした。

その後工業技術の発展とともにクルマの生産技術は向上し、複雑で精度の高い部品を作ることが可能になったことでFF車を量産することが可能になり、さらにエンジンと変速機やデファレンシャルギアを1ヶ所にまとめたコンパクトな横置きエンジンのFFレイアウトが実現できるようになりました。そのためフロントのエンジンルームにエンジンと変速機をまとめて搭載し、前輪を駆動するFFレイアウトが主流になったのです。クルマを軽く、安く大量に作るためには非常に好都合です。

■EVでFFレイアウトにするメリット

しかしEVになると、これまでエンジン車で主流だったレイアウトが踏襲されるとは限りません。それは前項で説明した通り、EVはパワーユニットがコンパクトなのでリアにも搭載しやすいからです（上図）。とはいえ、EVがFFレイアウトを採用した場合のメリットは大きく2つあります。1つはPCUとモーターを一体にすることで、大電流を送るためのハーネスが最小限で済むことです。これは軽量化やコストダウンには有効です。もう1つは衝突安全性を確保するためのクラッシャブルゾーンがパワーユニットを収めるスペースとしても有効活用できる点です（下図）。しかし衝突被害軽減ブレーキの普及など、衝突安全性が電子デバイスによってさらに高まれば、クラッシャブルゾーンは小さくて済み、クルマのスタイリングも大きく変わっていくかも知れません。

⚙ VW ID.4のモーターレイアウト

ID.4はEV専用プラットフォームを採用したEVのSUVだが、通常グレードはリアにモーターを搭載したRR方式（後輪駆動）となっている。

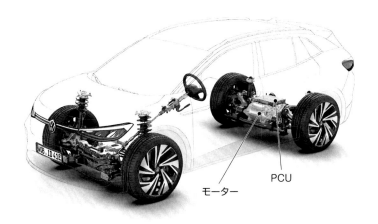

PCU

モーター

⚙ EV専用モデルでもFFレイアウトを踏襲している日産リーフ

リアサスペンションなどFFエンジン車との共通化を図ってコストダウンしていることも、FFを採用している理由の1つと言える。

PCU

モーター

リアサスペンション　バッテリー

POINT
◎エンジン車は最初FRレイアウトが一般的だったが、複雑で精度の高い部品を作ることが可能になり、コンパクトな横置きエンジンのFF車が主流に
◎EVでのFFレイアウト採用には、大きく2つのメリットがある

電動パワーユニットはシンプル&コンパクト

3-10

EVはモーターとバッテリーで走行して、排気ガスを出さないのが一番の特徴ですが、パワーユニットがコンパクトであることによるメリットにはどんなものがありますか?

■パワーユニットの構成がシンプルなので、車体の自由度が高い

　これまでに、モーターによる**電動パワーユニット**がエンジンに比べてシンプルだということや、変速機が必要ないこと、FFにこだわる必要がないことなど、EVのメリットについて述べてきました。

　パワーユニットが一体化していてコンパクトなことは、さまざまな面で良い影響を与えています。たとえば、同じ搭載位置でも重心が低くなり、サスペンションのレイアウトにも余裕ができるので、ねらった通りの特性を得ることが比較的容易になります。エンジンであれば、大きいクルマ、重いクルマには大きなエンジンと変速機が必要だったので、ますます車体は大きく重くなり、燃費も悪化します。しかしEVやプラグインハイブリッド車はバッテリーの重さこそ追加されますが、低速トルクが強く、ねらった通りの加速性能を実現しやすいのです。しかも、電気代はガソリン代よりも安いことから維持費は負担増とはなりません。

　さらに電動パワーユニットは非常に汎用性が高いのも特徴で、モーター単体を供給してきたモーターメーカー、変速機を供給してきたサプライヤー、駆動系の部品を供給してきたサプライヤーなどがこぞって**Eアクスル**と呼ばれるモーターと減速機を組み合わせたパワーユニットを開発して、自動車メーカーに納入しようと売り込みをかけています（上図）。これは、EVが主流になれば変速機や複雑な駆動系が不要になるため、既存のビジネスが成り立たなくなってしまうサプライヤーと、今こそビジネスチャンスだと考えるモーター単独で供給してきたメーカーの、2種類の勢力が1つの新しい市場で競合している状態だと言えます。

　航続距離の問題でバッテリーをたくさん搭載しなければならないため、現在はBEVの車重はエンジン車よりも重い傾向にあります。それでも今後バッテリーの性能が高まってエネルギー密度が向上したり、充電環境が整うなど利便性が高まれば、途端に実用性が改善されて普及へのスピードが一気に加速することは想像に難くありません。パワーユニットがコンパクトなEVやプラグインハイブリッド車が主流となることで、クルマのデザインが豊かになり、これまでより好きなカタチのクルマに乗ることが楽しめるようになるかもしれません（下図）。

⚙ Eアクスルの例

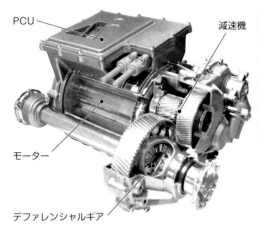

PCU

減速機

モーター

デファレンシャルギア

Eアクスルは車軸にモーターと減速機、左右輪の回転差を吸収するデファレンシャルギアをまとめてモジュール化したもので、写真のようにPCUまで一体化したものも存在する。車体にスペースさえ確保すれば、サスペンションとともにEアクスルを組み込むだけで電動化が実現できる。

⚙ EVのスポーツカー

EVでもスポーツカーは存在する。テスラロードスターだけでなく、日本でもGLMというベンチャーが、トミーカイラZZというスポーツカーをモチーフにEVスポーツを開発して、2021年6月まで販売した。

POINT
◎電動パワーユニットは汎用性が高いため、モーターメーカーや変速機のサプライヤーなどがモーターと減速機を組み合わせたパワーユニットを開発している
◎電動パワーユニットはシンプルなため、車体デザインの自由度が高い

ハイブリッド車は電動4WDで効率向上

3-11

ハイブリッド車やEVを4WDにする場合、リアにモーターを搭載する
ケースが多いようですが、なぜエンジン車のように1つの動力を配分
しないのでしょうか?

■リアタイヤをモーターで駆動する電動4WD

ハイブリッド車はエンジンとモーターを組み合わせて走るクルマです。多くの場合エンジンをフロントに搭載しているため、駆動輪をフロントタイヤ主体にしなければならないという制約が生じます。

しかし最近は4WDの**駆動損失**もかなり削減されて、**オンデマンド型**(必要に応じて後輪にも駆動力を伝達する)では、FF車と比べて数%しか燃費が低下しないことから、寒冷地を中心に普及率が高まっています。エンジン車でも、従来に比べ高効率で燃費性能も高まっていますが、これが電動車になるとさらに効率を高めることが可能になります。

ハイブリッド車の場合、リアタイヤにも駆動力を与えるためには、エンジンのそれをリアタイヤに伝えることも可能ですが、その場合は駆動力を取り出す**トランスファー**や、前後車輪の回転差を吸収する**センターデフ**、**プロペラシャフト**にリアデフといった駆動系一式が必要になります。それはコスト面でも重量面でも効率面でもマイナスに影響する要素になってしまいます。

そこで登場したのが、リアタイヤをモーターだけで駆動する**電動4WD**です。FFベースのクルマの4WDモデルや、そもそも4WDを想定したSUVなどに電動4WDの採用車が広がっています。リアタイヤをモーターで駆動するという発想は日産がe-4WDという技術で導入して以来、各社が色々な機構で採用を進めています(上図)。リアタイヤをモーターで駆動することにより、減速時には走行エネルギーを電力として回生できるのも、電動4WDの大きな魅力です。

ハイブリッド車といっても、エンジンを発電にしか用いていない**シリーズハイブリッド**の場合は、リアタイヤも当然モーターで駆動することになります。日産のノートe-POWERも、現行モデルではFFだけでなく4WDも設定されています。トヨタのプリウスも現行モデルでついに4WDモデルを設定しました(下図)。

さまざまな理由により、今後リアタイヤをモーターで駆動する4WDが普及することは間違いなさそうです。高効率な電動車らしい4WDは、加速性能や回生充電などの動力性能を高めつつ、4WDの走破性の高さを享受できるクルマなのです。

日産のe-4WD

日産が2代目キューブで採用したのがe-4WDという技術。これは前輪が空転したときだけ後輪をモーターで駆動して発進などを助けるという電動4WDの先駆けだった。
出典:日産

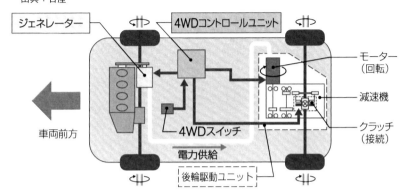

トヨタの電動4WD・E-Four

トヨタのハイブリッド車に採用されている電動4WD・E-Fourは、前輪を駆動するハイブリッドシステムが発電した電力をバッテリーに蓄え、発進時など必要に応じてリアタイヤをモーターで駆動する。アルファードなどはリアモーターを高出力化してEVモードの走行でも使えるように進化している。　出典:トヨタ

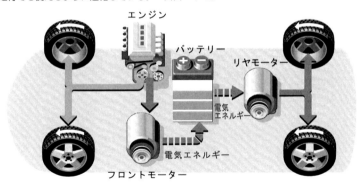

通常走行時
:前輪への駆動力の流れ

滑りやすい路面での4WD切り替え時
:後輪への駆動力の流れ

POINT
◎前輪の駆動力を後輪に伝える場合、駆動系一式が必要になる
◎リアタイヤをモーターだけで駆動する電動4WDは、減速時には走行エネルギーを電力として回生できるのも大きなメリット

1から4モーターまで目的に応じた自在のレイアウト

EVやプラグインハイブリッド車には前後にモーターを搭載する4WDも多く見られますが、どうしてエンジンのように1つの強力なモーターを使わないのですか？

■搭載の自由度、駆動系の重量増や損失などをモーターの数で補う

　エンジン車のパワーユニットは、基本的に1つしかありません。それはエンジンと変速機を制御するにはさまざまな要素があり、2つのエンジンを搭載した場合、駆動力の微妙なバラつきを調整するのが非常に難しいからです。これまで前後にエンジンを備えた4WDが何台か試作されましたが、前後の駆動輪の出力をバランスさせるのが難しく、**操安性**に問題が発生することもあり実用化には至っていません。

　それに対してモーターの場合は、電流の制御のみのコントロールにより、前後の駆動力を調整できるためバランスを取りやすく、駆動力の立ち上がりも鋭いため、まるでエンジン車の機械式4WDのようなダイレクト感さえ再現することが可能です。しかもコンパクトで前後の重量配分も改善できることから、複数のモーターを搭載するEVやプラグインハイブリッド車が登場しています。

　EVに限らずクルマは、タイヤ1つで伝えられる駆動力は限られていますから、駆動輪を2つに限るより、4輪で伝えた方が加速時の安定感も高まり、減速時の**回生エネルギー**もより多く回収できることになります。

■1モーターから4モーター、それぞれの特徴

　1モーターは、2輪駆動のシンプルなレイアウトです。バッテリーで重くなる車体の重量増を抑え、1つの強力なモーターで車体を加速させるもので、モーターは大きくなりますが、サイズを小さくして2つ搭載するよりコスト面で有利になります。また、2モーターは前後に1つずつモーターを備えたEVやシリーズハイブリッドの4WDモデルのレイアウトです（上図）。

　では、さらにモーターを増やした3モーターや4モーターでは何が変わるのでしょうか。フロントタイヤには操舵で横方向にタイヤのグリップを利用する役割もあるので、パワフルなクルマではフロントが1モーター、リアが2モーターというレイアウトになります。しかしフロントのモーターの駆動力を左右の前輪に配分するとなると、デファレンシャルギアが必要になります。そこで、左右独立してモーターを与えることにすれば、さらに複雑な制御が導入しやすくなります。これが4モーターのメリットと言えます（下図）。

⚙ 2モーターのレイアウト

VW ID.4は、基本はリア1モーターだが〈➡ p75・上図〉、高性能モデルのGTはフロントにもモーターを備えた2モーターとなっている。フロントの走行用モーターにもPCUが独立して与えられ、前後のモーターを協調制御して走行する。

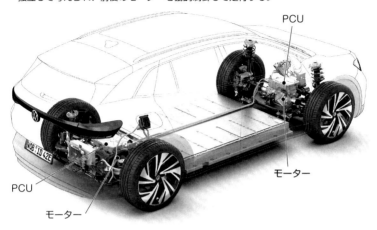

⚙ 4モーターの高性能EV

クロアチアのEVベンチャー・リマックはポルシェやヒュンダイ、キアなどからも出資を受ける、高性能EVスーパーカーを作り上げる技術を有した企業。最新作のRimac C_Twoは4つのモーターで1914psという途方もないパワーを誇り、最高速度は412km/hに達する。2021年後半から生産が開始される予定。

POINT

◎モーターは前後に配置しても、電流を制御するだけで前後の駆動力をコントロールできるためバランスを取りやすい。またコンパクトで前後の重量配分を改善できるので、複数のモーターを搭載するクルマが登場している

インホイールモーターは普及するか

インホイールモーターはEVで最も効率が良いと言われていますが、なぜ実用化されていないのですか？ また、インホイールモーターが適する条件とはどのようなものでしょうか？

■ブレーキや足回りとの両立など、まだ課題は残されている

インホイールモーターは非常に効率が良いシステムですが、足回りのスペースの問題やバネ下重量など解決しなければならない課題はまだまだ残されており、採用している量産車は登場していません。しかし実はすでに電動スクーターなどではインホイールモーターは実用化されています。というのも、小型軽量な車体で、比較的小型のモーターに組み合わせるブレーキの負担が大きくなければ、現在の技術でも十分に搭載可能だからです。

しかしながら、現在の法律で定められている**保安基準**では、クルマは4輪に十分な**制動力**を持つブレーキを備えることが義務付けられており、モーターによる**回生ブレーキ**だけでは基準を満たせないのです。

そうなると、クルマでインホイールモーターを実用化しやすいのは、**超小型モビリティ**が筆頭と言えるでしょう（上図、下図）。特に後輪にインホイールモーターと小さなドラムブレーキを備え、回生ブレーキを補助的に使うことでリアブレーキの制動力を確保すれば、保安基準に合致した車両に仕立てることができそうです。

■インホイールモーター車の実現に向けて

岡山の自動車産業企業の研究団体である「おかやま次世代自動車技術研究開発センター（OVEC）」は、インホイールモーターの研究開発を行ない、市販車を改造してインホイールモーターを搭載するなど実績を残しました。これまでインホイールモーターを前輪に組み込むことを検討してきたモーターメーカーが多かったのですが、前輪は強い制動力が求められるため、モーターとブレーキを共存させることが難しいとされていました。それでも試作段階では減速機を組み合わせたインホイールモーターとディスクブレーキを前輪に組み込むことに成功しています。

しかし、公道を走行する量産車として考えると、複雑な減速機を組み込むのはコスト増につながりますし、やはりバネ下重量の増大が乗り心地に悪影響を与える可能性が高まります。超小型で高出力なモーターが開発されれば、ハブキャリア内に組み込んで4輪それぞれをモーターで駆動する高性能なEVが登場することも不可能ではないでしょう。

⚙ インホイールモーターのMaaS車両

完全自動運転の小型バスの試作車などには、インホイールモーターが採用されている例が多い。ボディ四隅のモーターユニットごと、独立して4輪を操舵するシステムも開発されている。

⚙ EVライトウェイトスポーツのeFalkon

↓1輪だけの後輪をインホイールモーターで駆動する。軽量コンパクトな車体とあって、モーター1つで軽快な動力性能を確保している。

↑現在は、それぞれの企業で部品製造などを行なっているが、コアテックはリバーストライク型（前2輪・後1輪の3輪車）のEV・eFalcon（ファルコン）を岡山県工業技術センターと共同開発し、超小型モビリティのナンバー取得に向けて作業を続けている。

POINT
◎インホイールモーターは効率の良いシステムだが、ブレーキなど足回りのスペースやバネ下重量の問題など、クリアしなければならない課題がある
◎インホイールモーターは超小型モビリティなどで実用化しやすい

日本がレアアース供給で
世界一になる?

　中国がレアアースの国際市場でシェアの大部分を握っていることは、p70で触れていますが、そんな状況が覆されるかもしれません。

　というのも、日本の南鳥島付近の海底の泥にレアアースが大量に含まれていることがわかっているからです。これは早稲田大学の高谷雄太郎講師と東京大学の加藤泰浩教授らの研究チームが、2018年に発見しています。

　それによると、EVのモーターに使われる強力なネオジム磁石に含まれるジスプロシウムの埋蔵量は世界需要の730年分に相当すると言われていますから、物凄い量です。

　またレアメタルもその近辺の海底鉱山に豊富にあることがわかっており、さまざまな産業に使える資源となることから、有望視されています。

　つまりこの資源を活かせば、日本はレアアースやレアメタルを自由に使えるようになるどころか、もしかしたら「レアアース輸出国にもなれる」ということになります。

　以前、中国は日本にレアアースの輸出規制を行なったことがありますが、それからレアアースの使用量を減らす、あるいはゼロにする技術が日本で開発されたことで、規制の効力が薄れ、解除されるに至りました。

　これから先EVの需要が高まることで、中国が再びレアアースの輸出を制限する可能性も出てくるでしょうが、日本にとってはそんな規制はもう怖くはありません。

　ただし、このレアアースを大量に含む海底の泥をどうやって採取してレアアースを抽出するか、という実用化に向けた方法論については、まだ目処が立っていないのが現状です。それでも深海の海底から泥をすくい上げるような特殊な土木技術も日本の得意分野ですから、数年内に技術が確立されるのでは、と私は思っています。

第4章

電気自動車のバッテリー

Batteries for electric vehicles

一次電池と二次電池は何がどう違うのか

乾電池は充電できませんが、クルマのバッテリーやパソコン、スマホのバッテリーは充電することが可能です。充電できる、できないの違いはどこにあるのでしょうか？

■二次電池は充電によって負極が元の状態に戻る

バッテリーとは英語で電池全般のことを指しますが、日本では充電して繰り返し使える**二次電池**（英語ではリチャージブル・バッテリーと呼ぶ）のことを一般的にバッテリーと呼びます。

乾電池は通常充電して使えるものではありません。これはイオンの流れる向きが決まっており、電池内部の化学反応（放電）が終わると、電池の寿命となる使い切り型のバッテリーだからです。

しかし乾電池の形をしていても、充電して繰り返し使えるバッテリーも存在します。例えば乾電池型の**ニッケル水素バッテリー**は、電池内部の**電解液**の水分を分解して水素を負極に溜め込み、放電時には水素イオンが酸素と結び付いて電解液中の水になることを繰り返すことができるので、何回も**充放電**が可能なのです（上図）。

一方、クルマの電装用として長く使われている**鉛酸バッテリー**は、正極に二酸化鉛、負極に鉛板を使い、電解液の希硫酸が両極の電位差で鉛イオンと結び付いたり鉛へと還元することで充放電を行ないます（下図）。非常にシンプルなしくみで高い信頼性を誇るため、長年車載用のバッテリーとして利用されています。近年は減速時に積極的に充電したり、従来より短時間で充放電を繰り返すアイドリングストップに対応した特性を強化するなど、極板を改良することで進化を続けています。

■リチウムイオンバッテリーは一度に大きな電流の出し入れが可能

それに対して**リチウムイオンバッテリー**は、電解液の中にリチウムイオンがあり、それが直接、正極負極のどちらかに入り込むことにより充放電を行なうため、鉛酸バッテリーよりダイナミックにたくさんの電子を出し入れできます。それによって、EV用のバッテリーとして用いれば大きな電流を一気に出し入れできるだけでなく、**航続距離**を伸ばしながら車両重量も抑えることが可能になってきました。

ちなみに電装品を動作させる12Vバッテリーにも、リチウムイオンバッテリーを用いた製品が登場しています。小型軽量ですが高価となり、鉛酸バッテリーとは特性も若干異なるので、一般の用途にはあまり適しておらず、競技用の軽量高性能バッテリーという位置付けになっているのが現状です。

⚙ ニッケル水素バッテリーの構造

家庭でも一般的に使われる充電可能なニッケル水素バッテリー。水素イオンを電池内で移動させることにより、酸化と還元を繰り返せるのが特徴。放電時には水素から電子が取り出され、酸素と結び付いて電解液の一部となり、充電時には電子を与えられることで電解液が分解されて、水素分子が負極の中に取り込まれる。　参考文献Bの図を改変

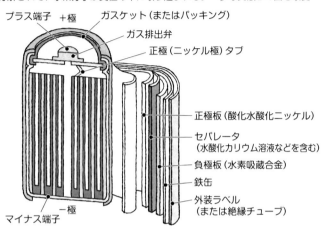

プラス端子　＋極
ガスケット（またはパッキング）
ガス排出弁
正極（ニッケル極）タブ
正極板（酸化水酸化ニッケル）
セパレータ（水酸化カリウム溶液などを含む）
負極板（水素吸蔵合金）
鉄缶
外装ラベル（または絶縁チューブ）
−極
マイナス端子

⚙ 鉛酸バッテリーの構造

鉛酸バッテリーは、放電時に希硫酸の電解液中で負極の鉛が溶けて硫酸鉛になることで、電子が取り出されて電流が流れる。充電時には負極側に電子が流れてきて、電解液中の硫酸鉛が還元されて鉛として極板に再付着する。　参考文献Bの図を改変

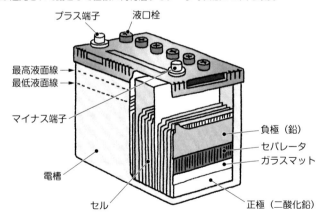

プラス端子　液口栓
最高液面線
最低液面線
マイナス端子
負極（鉛）
セパレータ
ガラスマット
電槽
セル
正極（二酸化鉛）

POINT

◎一次電池は使い切り型で、充電することはできない
◎二次電池は充電して繰り返し使用することができる
◎クルマ用としては、鉛酸バッテリーが長い間使われている

電気自動車に求められるバッテリー特性

4-2

二次電池の中でも高性能なリチウムイオンバッテリーですが、EVやハイブリッド車用として求められる特性にはどのようなものがあるのでしょうか？

■車載用として使われている電池は用途に合わせて最適化されている

EV用とハイブリッド車用では、同じ車載用バッテリーでも求められる特性がやや異なります。どちらも走行用モーターを駆動する電力を蓄えたり、供給するという役割は同じですが、一般的にEV用の方がより大電流を一気に出し入れするため、たくさんのバッテリーを搭載するだけでなく、個々のセル自体に一度に大きな電流を出し入れできる能力が求められます。またバッテリーだけでなく**インバーター**、**コンバーター**などにも、それに見合った能力が要求されることになります。

一方、ハイブリッド車の場合は小刻みな電力の出し入れが多く、**急速充電**のような大電流で一気に充電することが少ないため、同じ容量のセルであっても、細かく何度充放電しても劣化が少ないという特性が望まれます。またプラグインハイブリッド車の場合は、どちらかというとハイブリッド車よりEVに近い**バッテリー特性**が求められます。このあたりは急速充電に対応しているか否かでも変わってきます。

そのため車載用のバッテリーを生産する電池メーカーは、同じリチウムイオンバッテリーでも特性の異なるタイプを開発して、EV用とハイブリッド車用に最適化したものを用意しています（上図、下図）。

■電気自動車用バッテリーに求められる条件

すべての**電気自動車用バッテリー**に求められるのは、充放電時に**熱暴走**しないことや、万が一の衝突時にも火災につながらないための安全性、そして何百回充放電を繰り返しても劣化が少ない耐久性と、個体差が少ない信頼性です。これらの項目で自動車メーカーの基準を満足する性能と品質を兼ね備えてこそ、高いエネルギー密度を誇り、急速充電に対応して長い航続距離を両立できるバッテリーEVが実現できるのです。

リチウムイオンバッテリーは非常に高いエネルギー密度を誇り、大電流を一気に出し入れする能力にも優れていますが、それは熱暴走しやすく、発火する可能性が高いということにもつながります。電池を開発する技術者たちは、正極と負極に使われる素材を組み合わせたり、後述する**BMS**（バッテリー・マネージメント・システム）を工夫することで安全性を高めています〈➡ p92〉。

❂ リチウムイオンバッテリーの形状

車載用のリチウムイオンバッテリーのセル単体には、乾電池を大きくしたような円筒型と四角い角形、アルミコーティングされたラミネート型がある。いくつかのセルを連結させたモジュールとしてケースにまとめられて搭載されている。　参考文献Bの図を改変

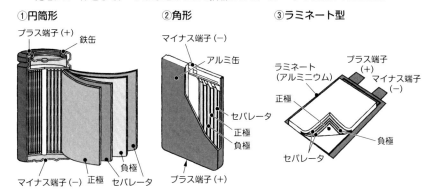

①円筒形

プラス端子 (+)　鉄缶
マイナス端子 (−)　正極　セパレータ　負極

②角形

マイナス端子 (−)
アルミ缶
セパレータ
正極
負極
プラス端子 (+)

③ラミネート型

ラミネート（アルミニウム）
プラス端子（+）
マイナス端子（−）
正極
負極
セパレータ

❂ EV用とハイブリッド車用で異なる特性

同じリチウムイオンバッテリーのラミネートセルでも、EV用とハイブリッド車用では特性が異なる。日産リーフのバッテリーを生産するエンビジョンAESCは、EV用には高出力型（下）、ハイブリッド車用には高エネルギー型（上）と若干特性を変えたバッテリーを用意している。

> **POINT**
> ◎EV用とハイブリッド車用では、バッテリーに求められる特性が少し異なる
> ◎電気自動車用バッテリーには、熱暴走しないこと、衝突時に火災につながらない安全性、繰り返し使用できる耐久性などが求められている

リチウムイオンバッテリーの種類と特性の違い

4-3

リチウムイオンバッテリーにもさまざまな種類があると聞きました。
それは何による違いなのですか？　また、性能はどのように変わるの
でしょうか？

■負極材の違いで、安全性、電圧、エネルギー密度、寿命が変わる

　高性能なバッテリーで知られる**リチウムイオンバッテリー**にも、実は色々な種類
があります。その違いは、主に**正極**にどんな物質を使っているかによります。EV
には現時点で安全性が高くエネルギー密度の高い**NMC系**（ニッケル・マンガン・
コバルト）や安全性の高さとコストを優先した**マンガン酸リチウム（LMO）**、エネ
ルギー密度が高いニッケル酸リチウムやコバルト酸リチウムの安全性を改善した
NCA系（ニッケル・コバルト・アルミニウム）などが多く使われています（上表）。

　しかし最近はより安価で安全性の高い**リン酸鉄リチウム（LFP）**も使われるよう
になり、エネルギー密度が若干下がることで航続距離は伸び悩むものの、車両価格
を大幅に押し下げることで、EVをより身近なクルマにしようという動きもあります。

　これらは乗用車としてのEVにおける話で、ハイブリッド車では異なる種類のリ
チウムイオンバッテリーも使われています。東芝の**SCiB**は、負極に**チタン酸リチ
ウム（LTO）**を用い、正極にはマンガン酸リチウムを使ったリチウムイオンバッテ
リーで、1セルあたりの電圧は若干低くなりますが、安全性が高い、急速充電や放
電に強い、**サイクル寿命**※もケタ違いに多いなど、非常に優れた特性を持っています。

■寒冷地でも能力を発揮するリチウムイオンバッテリー

　EVでも寒冷地で使われることを考慮して、ある程度は低温特性を確保していま
すが、高温特性も確保する必要があるため限度があります。そのため、低温時には
バッテリーを暖めるヒーターを作動させるしくみを導入しています。バッテリーの
電力を使ってバッテリーを元気にするというのは、何だか矛盾している印象もある
のですが、バッテリーを効率良く使うためには電力を使った方がいい場合もあるの
です。

　一般的なEVは、寒冷地の真冬には航続距離が短くなる傾向にありますが、その
一方で寒さに強いリチウムイオンバッテリーも登場しています。例えば冷凍倉庫で
活躍する電動フォークリフトに使われているリチウムイオンバッテリーは、特に低
温特性が強化されています（下図）。同様に高温下でも安定した特性を発揮するリ
チウムイオンバッテリーも開発されています。

　　　※　サイクル寿命：電池の寿命を示す数値。放電から充電までを1サイクルとし、電
　　　　　池容量が何回サイクルを繰り返すかを表す

⚙ リチウムイオンバッテリー各種類の特性

電池の種類	正極活物質	負極活物質	公称電圧	エネルギー密度(Wh/kg)	サイクル寿命	特徴
NMC系(ニッケル・マンガン・コバルト)	リチウム、ニッケル、マンガン、コバルト	黒鉛	3.6-3.7V	150-220	1000-2000回	ニッケルの含有量により3段階に分けられ、性能に若干違いがある。ニッケル量が多いほど高性能。車載用には高ニッケルNMCが使われる。
NCA系(ニッケル・コバルト・アルミニウム)	リチウム、ニッケル、コバルト、アルミニウム	黒鉛	3.6V	200-260	約500回	ニッケル酸リチウムやコバルト酸リチウムの高い性能を受け継ぎ、安全性を高めた構造。現在のところ高価だが最も高性能。冷却などに注意が必要。
マンガン酸リチウム(LMO)	リチウム、マンガン	黒鉛	3.7-3.8V	100-150	300-700回	熱安定性が高いため比較的安全性が高い。マンガンは乾電池にも使われる安価な素材のためコストで有利。車載用として広く使われている。
リン酸鉄リチウム(LFP)	リン、鉄、リチウム	黒鉛	3.2-3.3V	90-120	1000-2000回	安全性が高く安価。従来はエネルギー密度が低く、車載向けではなかったが、改良により近年、車載用として使われるケースが増えてきた。
チタン酸リチウム(LTO)	マンガン、リチウム	チタン、リチウム	2.4V	70-80	3000-7000回	東芝がSCiBの商品名で実用化。安全性が高く、急速充放電やサイクル寿命に優れるが、電圧が低く容量も少ないためたくさん積む必要があり、重量やコスト高が難点。

⚙ 寒いところでも活躍するリチウムイオンバッテリー搭載のフォークリフト

冷凍倉庫など極寒状態でもリチウムイオンバッテリーを搭載したフォークリフトは使われている。倉庫内の空気を汚さず、休憩時間に急速充電できることで、24時間稼動するなどリチウムイオンバッテリーの特性が活かされている。

POINT ◎リチウムイオンバッテリーにはいろいろな種類があり、現在は安全性やエネルギー密度、コストなどから主にNMC系、NCA系、マンガン酸リチウム、リン酸鉄リチウムなどがEV用として使われている

バッテリーマネージメントの必要性

4-4

「マネージメント次第でバッテリーの寿命が変わる」というのは本当ですか？　EVなどでは、どういうマネージメントがされているのでしょうか？

■とても重要な充放電時の発熱を抑える熱管理

EVやハイブリッド車に搭載されているバッテリーは、いくつもの**セル**を組み合わせた**モジュール**を作り、さらにそれを組み合わせた**バッテリーパック**でモジュールのつなげ方を考えることで、電圧や電流の大きさが決まります。しかし、これは新品時の理論上の性能に過ぎません。バッテリーはその性質上、**充放電**を繰り返すことで劣化して性能が低下していきます。たとえ同じ使い方をしても、その他の環境がバッテリーの性能低下、つまり寿命を大きく左右するのです。

その意味で温度管理は極めて重要です。急速充電時は当然として、放電時や普通充電時にもバッテリーの温度上昇を防ぐ工夫、つまり冷却が必要です（上図）。これはバッテリーに限ったことではなく、半導体を使用する部品でも**熱管理（サーマルマネージメント）**が欠かせません。それは温度により半導体の動作環境が変わってしまうからで、センサーや素子の作動を安定させるには熱管理が不可欠なのです。

■セル・バランシングでセルの個体差を抑える

それに加えて重要なのが、温度管理や充電時の各セルのバランスを整えるバッテリーの**バランシング**です。繰り返しになりますが、EVやハイブリッド車のバッテリーは単相の電池であるセルを積み重ねモジュールを形成し、さらにそれを組み合わせることで電圧や、バッテリーパックの形状を構成しています。各セルは基本的に同一のものを使いますが、精密に管理された工業製品でもわずかな**個体差**が生じてしまいます。それによって電池性能に若干の差が出てくることと、積み重ねたことで端部のセルと中心部のセルではどうしても温度差が生じ、経年劣化にも差が出て、やはり電池性能にバラつきが起こってしまうのです。

バラつきが起きると、充電時には電圧の高いセルが基準となって満充電と判断してしまうため、電圧の低いセルは満充電にならないまま充電が終了してしまいます。ところが放電時には電圧の低いセルが基準になり、設定レベルまで減った状態で使用限界を迎えてしまうのです。そのため、充電時には電圧が低いセルが満充電になるまで、電圧の高いセルを放電させる**セル・バランシング**という制御が組み込まれ、各セルのバラつきを抑えて充電容量の減少を最小限にしています（下図）。

⚙ バッテリー冷却の例

大量にリチウムイオンバッテリーを搭載するクルマは、バッテリーパックの冷却が耐久性を左右する鍵となる。温度管理には安定化しやすい水冷方式を採用することが多く、熱のマネージメントにも各社のノウハウがある。

電流ケーブル

冷却液を循環
させるホース

⚙ セル・バランシングの必要性

①バランシングをしない場合（充電前）

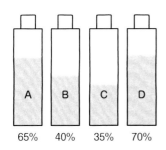

A	B	C	D
65%	40%	35%	70%

②バランシングせずに充電

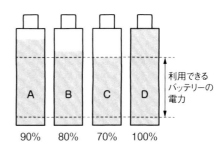

利用できる
バッテリーの
電力

A	B	C	D
90%	80%	70%	100%

③バランシングして充電

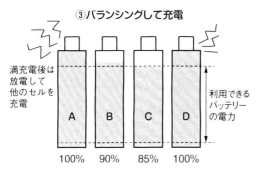

満充電後は
放電して
他のセルを
充電

利用できる
バッテリー
の電力

A	B	C	D
100%	90%	85%	100%

バッテリーセルをいくつもつなげたモジュールやバッテリーパック内では、セルの個体差や冷却ムラなどによって、徐々に蓄電残量に差が生じる（①）。この状態で充電すると、一部のセルが満充電になった時点で充電が完了してしまうため、まだ満充電になっていないセルの使用限界までが使える電力となってしまう（②）。セル・バランシングは、一部のセルが満充電になったらそれを放電させながらさらに充電を行なうことで、その他のセルをさらに充電させる（③）。これにより、容量が減ってきたバッテリーでも十分に充電でき、能力を引き出すことができる。

POINT
◎充放電時の発熱を抑える熱管理（冷却）はとても重要
◎セル・バランシングをすることで、セルによる性能のバラつきを抑え、容量が減少したバッテリーでも十分に充電し、能力を発揮することができる

バッテリーの最新技術はいつ実用化されるのか

性能を飛躍的に向上させる全固体電池というものが開発されていて、実用間近と聞きました。これはどのような電池で、何が優れているのでしょうか？

■リチウムイオンでも安全性が高く、高い充放電性能が期待できる

全固体電池は、従来のリチウムイオンバッテリーの電解液を固形化したもので、これにより発火や爆発などの危険性を大幅に抑えながら、耐熱性や急速充電などの能力もさらに高めることができると言われています（上図）。

全固体電池でも伝導体にリチウムイオンを利用するタイプだけでなく、ナトリウムイオンやカリウムイオンなどを利用するものも研究されていますが、電位差の大きさとこれまでのノウハウからリチウムイオン全固体電池が最も有力視されています。

実際にはリチウムイオンバッテリーの電解液が固形化したものなので、正極と負極の性能自体は従来のリチウムイオンバッテリーに準じたものとなります。そのため、単純に電池としての性能を示す電圧などの能力は、格段に高まるものではありません。それでも電解質が液体（ジェル化しているものもある）のリチウムイオンバッテリーに比べて、リチウムイオン全固体電池は電解質が軽量でよりリチウムイオンを蓄えられることから、同じサイズのセルでもエネルギー密度が高くなるのです。

■開発が進む全固体電池

現在開発中の固形電解質は、酸化物系、硫化物系、窒化物系の3種類に分けられ、それぞれメリットがあるため開発を競っています。硫黄を使っている硫化物系は、出力特性などが優れるものの発熱時に硫化水素ガスを発生させる危険性もあり、そのリスクを抑える研究をしているところもあれば、別の電解質の性能を高める研究をしているところもあるなど、それぞれを補う関係で開発が進められています。

トヨタは2020年代前半には全固体電池を実用化してEVに搭載すると明言しています。これはライバルメーカーを牽制しての発言というより、基礎研究から始めて現段階での状態から、完成までの見通しを予測しているのでしょう。

中国のEVベンチャー、NIO（ニーオ）は2021年中に全固体電池を搭載して航続距離1000kmを誇る高級EVを発売するとアナウンスしています。しかし完全な全固体電池ではないという情報も伝えられており、開発競争が激化する中で存在をアピールするためのパフォーマンスではないかとも見られています（下図）。

⚙ 全固体電池のしくみ

電極活物質はリチウムイオンバッテリーと変わらず、固体電解質の中をリチウムイオンが動き回る。固体電解質の発想はかなり古くからあったが、実際に液体電解質を超える性能を実現するまでに膨大な研究が繰り返されてきた。理論通りに高性能な電池を作り上げることができるようになったのは最近のこと。

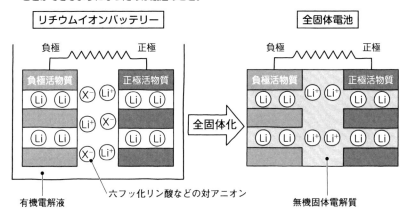

⚙ 中国の新興メーカーNIOのEV

中国のEVメーカーNIOは中国版テスラとも呼ばれ、EV以外にもスマートホームなどトータルで蓄電池を利用した生活をプロデュースしている。中国のEVベンチャーの中でも別格の存在と言われており、今後の海外進出も気になるところである。
写真：Sundry Photography-stock.adobe.com

> **POINT**
> ◎全固体電池は、従来のリチウムイオンバッテリーの電解液を固形化したもの
> ◎全固体リチウムイオンバッテリーは電解質が軽量で、リチウムイオンをより蓄えられるため、同サイズのセルでもエネルギー密度が高くなる

バッテリーを高効率にする開発中の技術

飛躍的な性能向上が期待される全固体電池であっても、その上げ幅は限定的とも言われています。EVの性能を上げるためには、バッテリーの改良のほかにどのような方法があるのでしょうか？

■全固体電池以外の次世代電池

　これから登場する、リチウムイオンバッテリーよりさらに高性能な二次電池は、全個体電池だけではありません。**リチウム硫黄電池**は負極に金属リチウム、正極に硫黄を用いた電池で、負極の金属リチウムが電解液に溶け出すことで電力を発生させます。そのリチウムイオンは正極の硫黄と結合し、硫化リチウムとして正極に結合させることで安定化させる電池です（上図）。**リチウムイオン**を利用しながらも、1セルあたりの電圧は2Vと低くなってしまうのですが、従来の**リチウムイオンバッテリー**に比べ**エネルギー密度**が6倍もあるため、モジュールの構造を変えるだけで格段に高性能なEVを作ることが可能になると見込まれています。

　また、NCA系やNMC系に代わるコバルトフリーなリチウムイオンバッテリーの開発を行なっているバッテリーメーカーは、日本だけでも何社も存在します。こちらは高性能というより低コストでレアメタルの調達リスクを減らそうというのが目的ですが、添加物や製造方法を変えるだけで急に特性が改善されることが過去にはあったため、新しいバッテリーのメカニズムが発見される可能性もあります（下表）。

　こうした先端分野の研究は各国の研究機関で行なわれているだけでなく、今や宇宙空間でも実験などが繰り返されることによって、地球上では検証が難しい理論上の物質を作り上げることができるようになります。

■バッテリー以外にEVの性能をアップさせる方法

　バッテリー自体の性能を向上させるのではなく、バッテリーの電力をより効率良く使うことで、EVの性能を向上させることができることから、損失を抑える技術も開発が進んでいます。例えば、充放電の効率を高めることでEVの性能を高めることができます。そのためインバーターやコンバーターの変換効率を今よりも高める研究が進んでいます。

　またEVの車体全体の効率を高めることも、巡航距離の延長につながります。**転がり抵抗**の少ないタイヤや車体の軽量化、**空気抵抗**の少ないボディなどは、従来のクルマの技術開発の延長線上にあるものですが、電動化によって条件が変わることから、新しい可能性が生まれています。

リチウム硫黄電池の充放電のしくみ

リチウム硫黄電池は、従来のリチウムイオンバッテリーの6倍近いエネルギー密度が期待できる次世代電池。　参考文献Bの図を改変

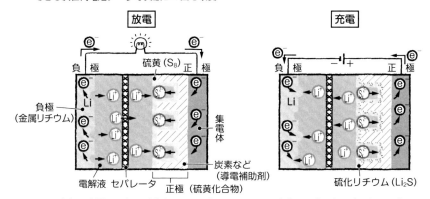

負極の金属リチウムが溶出してリチウムイオンになる。リチウムイオンと硫黄が結合して
$S_8 \rightarrow Li_2S_8 \rightarrow Li_2S_6 \rightarrow Li_2S_4 \rightarrow Li_2S_2 \rightarrow Li_2S$
のように反応が進む

硫化リチウム（Li_2S）からリチウムイオンが抜けて負極に戻る

リチウムとその他の金属を電池材料として比較した表

イオン化傾向の強さ、エネルギー密度でリチウムが優れているのは一目瞭然だが、アルミニウムやマグネシウム、ナトリウムにも可能性は秘められている。
「自然エネルギー利用拡大のための大型蓄電池開発」石井陽祐、川崎晋司著　日本AEM学会誌Vol.24 No.4を参考に作成

負極金属	元素記号	電気容量 （Ah/g）	電圧 （V）	重量エネルギー密度 （Wh/g）
リチウム	Li	3.86	3.4	13.2
アルミニウム	Al	2.98	2.1	6.1
マグネシウム	Mg	2.20	2.8	6.1
カルシウム	Ca	1.34	3.3	4.4
ナトリウム	Na	1.17	3.1	3.6
亜鉛	Zn	0.82	1.2	1.0

POINT
◎リチウム硫黄電池は従来のリチウムイオン電池に比べてエネルギー密度が6倍もあるため、モジュールの構造を変えるだけで高性能なEVを作ることが可能
◎車体や制御面の損失削減で、EVの性能を向上させることができる

高性能なリチウムイオンキャパシタ

4-7 キャパシタという蓄電デバイスは、電池と何が違うのですか？　また、リチウムイオンを利用したキャパシタとは、どういうものなのでしょうか？

■キャパシタは電気を他のイオンと結合せずに溜めるので、充放電が速い

　電気を溜めておけるのは、電池だけではありません。電気のまま蓄電できるデバイスに**キャパシタ**というものがあります。日本では容量の小さなものは**コンデンサ**と呼ばれていて、電子回路の中で必ずと言っていいほど使われている部品です。コンデンサはドイツ語で、英語ではキャパシタと呼ばれます。つまり英語圏では容量の大きさに関わらずキャパシタと呼ばれているのです。

　日本では電子回路に使われているものをコンデンサと呼び、蓄電のために使われる大きなものを**スーパーキャパシタ**、**ウルトラキャパシタ**と呼んでいます。

　キャパシタの構造は電解コンデンサと呼ばれるもので、2枚の金属の間にプラスイオンとマイナスイオンをそのままの形で溜め込んでいるのが特徴です（上図）。バッテリーはマイナスイオンを元素の中に取り込んで蓄電しますが、キャパシタは電子のまま貯めておくので、充放電のスピードがバッテリーよりも格段に素早く、大きな電流もほとんどロスなく蓄えたり放電することが可能です。

　この原理とリチウムイオンバッテリーのしくみを組み合わせた高性能なキャパシタが、**リチウムイオンキャパシタ**です。これは正極は**電気二重層キャパシタ**と同じ活性炭を使い、リチウムイオンのイオン化傾向の強さとキャパシタの反応の速さを両立させて、大きなエネルギーを速く出し入れすることを実現しています（中図）。このリチウムイオンキャパシタをバッテリーの代わりに使えば、充放電のスピードが高まるため、さらに急速充電の時間が短時間で完了することになりますし、一気に放電することで、バッテリー容量の割に大きな力をモーターに発生させることも可能になります。

　トヨタ系の自動車部品メーカーであるジェイテクトは、電動パワーステアリングの非常用電源として、独自に耐熱性を高めたリチウムイオンキャパシタの開発に成功しています（下図）。ただし現時点ではキャパシタは、エネルギー密度の点でリチウムイオンバッテリーなどの電池には適わず、EVにメインの蓄電デバイスとして利用できる状態ではありません。高い出入力速度と損失の少なさから回生エネルギーを蓄えるのには最適なので、まずは補助的な蓄電装置として使われていくでしょう。

✿ キャパシタの蓄電のしくみ

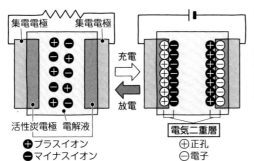

電圧をかけると、正負のイオンは左右に分かれ、活性炭電極には正負の電荷が並び、電気二重層がつくられる。静電気のように正負のイオンを溜め込み一気に放出できるため、大きな電気を一度に出し入れする能力に優れている。

✿ リチウムイオンキャパシタのしくみ

負極はリチウムイオンバッテリーと同じく、リチウムイオンが出入りすることで電子をやり取りする。

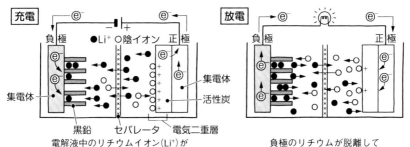

電解液中のリチウムイオン(Li⁺)が
負極に挿入する

負極のリチウムが脱離して
リチウムイオンとなって電解液中に拡散する

✿ リチウムイオンキャパシタの例

ジェイテクトが開発したリチウムイオンキャパシタは、高耐熱型と低温対応型がある。高耐熱型は100℃を超えても安定した作動をし、低温対応型は氷の中でも一気に放電できる性能を確保している。

POINT
◎リチウムイオンキャパシタは大きなエネルギーを速く出し入れすることができるため、充電時間を短くすることが可能
◎エネルギー密度の低さから、メインの蓄電デバイスとしては利用できない

4-8 金属空気電池、ナトリウム電池、マグネシウム電池

現在注目されている全固体電池はリチウムイオンバッテリーの一種と
考えることもできますが、リチウムイオンを超える電池は登場しない
のでしょうか？

■ナトリウム、マグネシウムは材料も豊富で今後の改善に期待

　リチウムイオンバッテリーは非常に高性能な電池ですが、これまでのエンジン車
のような利便性をEVに求めるには、航続距離や充電時間の問題など解決しなけれ
ばならない課題が残っています。また、リチウムやコバルトといった**レアメタル**も
その名の通り限りある資源であり、採掘から精製までの工程で環境破壊につながる
こともあり、その対策も考える必要があります。

　現在のリチウムイオンバッテリーの性能向上は、すでに限界に近付いていると言
われています。それは**全固体電池**になっても大きくは変わりません。そこで**リチウ
ムイオン全固体電池**が実用化された後も、さらに高性能な**次世代電池**の開発は続い
ていきます。こういったテクノロジーは少しずつではなく、一気に性能を倍増させ
るケースが多いことから、突然実現することも珍しくありません。

　今後、飛躍的に性能を向上させる電池として期待されているのは、**金属空気電池**
と呼ばれるものです。負極材料には色々な金属が採用されていますが、**リチウム空
気電池**が有力です。これは負極に金属リチウムなどを使い、正極にはCNT（カー
ボンナノチューブ）などの多孔性炭素材を使うことで、空気中の酸素と金属リチウ
ムから溶け出したリチウムイオンを反応させることにより電気を作ります（上図）。

　さらにリチウムイオンに特性が近い**ナトリウムイオン**、**マグネシウムイオン**を使
った次世代電池も研究が続けられています。ナトリウムやマグネシウムは、リチウ
ムほどイオン化傾向が強くないので、そのままではリチウムイオンバッテリーの性
能を超えることは難しいのですが、正負極の素材を工夫するなど色々な方向性から
特性を追求することで、リチウムイオンを超える能力を備える要素も見つけられて
います（下図）。

　しかもナトリウムとマグネシウムは海水に含まれており、ほとんど無尽蔵に存在
するだけでなく、精製においても環境への影響が非常に少なくて済むということも
大きなメリットと言えるでしょう。日本は資源に乏しい国ですが、海に囲まれた島
国であり、地熱資源も世界第3位の熱量を誇るなど、恵まれている部分もあります。
そういった武器をもっと活かしていくことがこれからは求められるのです。

リチウム空気電池のしくみ

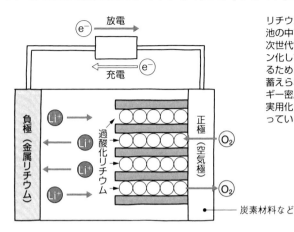

リチウム空気電池は、金属空気電池の中でも最も有望視されている次世代電池。金属リチウムをイオン化して空気中の酸素と反応させるため、リチウムイオンが大量に蓄えられ、結果として高いエネルギー密度を実現できる。ただし、実用化までにはまだまだ課題が残っている。

次世代電池の出力密度とエネルギー密度の比較

リチウム空気電池のエネルギー密度が非常に高いことがわかる。この図を見ると、有望な次世代電池がたくさんあることが理解できる。
出典：東京工業大学・トヨタ・高エネルギー加速器研究機構ら

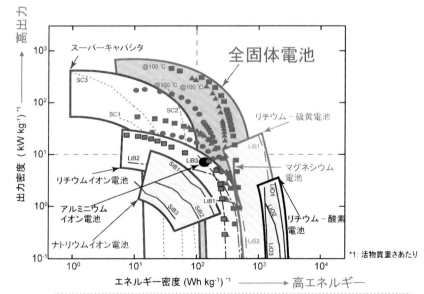

POINT
◎金属空気電池(特にリチウム空気電池)は、エネルギー密度の高さから次世代電池として有望視されている
◎ナトリウム、マグネシウムを使った次世代電池も開発されている

日本発の急速充電規格「CHAdeMO」とは

EVを充電する方法には普通充電と急速充電がありますが、それぞれのメリットとデメリットを教えて下さい。また、急速充電規格「CHAdeMO」とはどんなものなのでしょうか？

■基本は普通充電、急速充電は経路充電※向きのシステム

バッテリーを充電する場合、そのバッテリーが持っている電圧より少し高いくらいの電圧で長い時間をかけて充電するのが、バッテリーにとって一番負担が少なく、たくさん充電することができる方法です（上図）。

EVの場合、**普通充電**は100Ｖと200Ｖがありますが、そもそもバッテリー側が200Ｖ以上の電圧を持っているので、200Ｖで充電する方が効率的です。一般家庭の電力でも、配線のつなぎ方を変えるだけで単相200Ｖの電圧が得られるので、EVやプラグインハイブリッド車を利用するなら200Ｖへの配線工事を行なうことをおすすめします。

しかし自宅で充電できる環境がない場合や、遠方へ出かけるなど移動中に充電しなければならない場合、200Ｖの普通充電では充電に時間がかかり過ぎて不便です。そのため**急速充電**という機能が考え出されました。

急速充電はスマートフォンにも採用されていますが、短い時間でバッテリーに電気を溜めるためには、高い圧力（電圧）でたくさんの量（電流）を押し込むことになります。つまりEVのバッテリーを急速充電するには、高い電圧で大きな電流が必要になるのです。スマートフォンやPCと違い、バッテリーが大きなEVでは非常に高い電圧で大電流を送り込むため、何か間違いがあれば発火事故につながる可能性もあり、安全性を確保することが最優先でなければなりません。

■日本初の急速充電規格「CHAdeMO」

そこで安全に急速充電を可能とするためのしくみが考えられています。日本の自動車メーカーや電力会社が協力して作り上げた急速充電の規格**CHAdeMO**です。これは専用のプラグとソケットを利用することで、クルマと充電器を通信させて、バッテリーの状態を判断しながら電圧と電流を調整して充電を行ないます（下図）。CHAdeMOは工場などで使われる三相200Ｖの電力を使って、より高い電圧で大きな直流電流を作って充電します。EVによる生活を安全で快適なものとするためには、充電環境の整備が欠かせません。そのための制度作りであり、技術面の開発やサポートを行なっているのが**CHAdeMO協議会**という団体なのです。

※　経路充電：高速道路のパーキングエリア、ガソリンスタンド、道の駅など、走行経路にあるパブリックな場所での充電

⚙ トヨタの超小型EV C⁺pod(シーポッド)

プラグインハイブリッド車や超小型モビリティなどでバッテリーの搭載量が少ないクルマの中には100Vの普通充電しか対応させていないモデルもある。トヨタのC⁺podはEVだが、100Vの普通充電により5時間でフル充電となるように構成されている。

⚙ CHAdeMOの充電ソケット

CHAdeMOの充電ソケットは大きく、いくつもの端子が組み込まれている。これは電流を流すだけでなく、車両側と充電器側が通信することで、バッテリーの充電状況や充電器の能力から最適な状態で充電するように調整するためでもある。
写真：CHAdeMO協議会

> **POINT**
> ◎EVの充電の基本は普通充電、急速充電は経路充電向きのシステム
> ◎CHAdeMOは日本がまとめた独自の急速充電規格だが、欧米やアジアなど海外にも普及している

その他の充電規格と特徴

日本が開発したCHAdeMOは、日本だけでなく世界中に採用が広がっていると聞いたのですが、世界には他にどのような充電規格があるのでしょうか?

■欧州と北米メーカーが開発したコンボ、中国発のGB/Tも国際標準規格

欧州と北米の自動車メーカーや電力会社が共同開発した急速充電の規格がCombo（コンボ、CCSとも表記される）です（上図）。特徴は、**普通充電**でも**急速充電**でも、車両側は1つのプラグを利用できる利便性です。車体と充電器が通信することで充電モードを判断して最適な充電が行なえるため、交流でも直流の電力でも対応できるようになっており、非常に合理的な印象を受けます。これはすでに市場に投入されていた**CHAdeMO**に対し、差別化を図る目的で導入された特徴と言えます。

日本で考えられたCHAdeMOは、直流の急速充電器を専用のプラグ形状として、交流の普通充電とはプラグを分けています。これはクルマ側としてはプラグを2つ装備するためコスト高になりますが、急速充電と普通充電の通信トラブルによる車両火災やトラブルを確実に避ける方法とも言えるものです。同じコンボでも欧州（**CCS1**）と北米（**CCS2**）では若干プラグとソケットの形状が異なるのは、それぞれの地域で電力事情や車内通信に使われている手段が異なることから、地域に合わせて最適化しているからです。

コンボ以外の国際規格としては、中国で開発された規格**GB/T**があります。これは日本のCHAdeMOから技術供与を受けて開発されたもので、プラグ&ソケットの形状や充電のしくみはCHAdeMOによく似ています。

なお、独自のプラグ形状を採用しているテスラは専用の充電器のほか、アダプターを装着することでCHAdeMOやGB/T、コンボにも接続できるようにしています（下図）。PCやスマホでインターネットを利用するように、EVやプラグインハイブリッド車は充電器と通信して、お互いの状況を確認しながら充電を行ないます。その通信手段にこだわるから、プラグやソケットも独自の形状を採用することになるのです。

欧州メーカーはCHAdeMOに対抗し、独自規格としてコンボを作り上げましたが、欧州でもCHAdeMOの方が普及しており、欧州や北米ではコンボとCHAdeMOの両方のソケットを備える急速充電器が普及し始めています。今後どちらかが生き残るのか、ここ10年ほどで**急速充電規格の国際標準**が選ばれることになると予測されています。

🔅 国際規格として認められた急速充電規格

中国のGB/Tは日本のCHAdeMOを参考にしており、コンボは欧州メーカーが中心となって日本の規格に対抗して開発されたもの。それぞれにメリットはあるが、CHAdeMOの安全性や信頼性が世界で高く評価されている。　出典：CHAdeMO協議会

	CHAdeMO	GB/T	US-COMBO CCS1	EUR-COMBO CCS2	Tesla
Connector					
Inlet					
IEC	✓	✓	✓	✓	
(USA)	◆IEEE		SAE		
EU EN	✓			✓	
JIS	✓	✓	✓	✓	
GB		✓			
Protocol	CAN		PLC		CAN
最大出力	400kW 1000x400	185kW 750x250	200kW 600x400	350kW 900x400	?
市場出力	150kW	125kW	150kW	350kW	120kW
基数	22,500	300,000	2000	7,000	15,000
初号設置	2009	2013	2014	2013	2012

🔅 テスラの専用急速充電器スーパーチャージャー

独自規格で120kWまでの高出力による急速充電を可能にしている。アダプターを介することでコンボやCHAdeMO、GB/Tの急速充電器も使用可能。

POINT
◎CHAdeMO、コンボCCS1、コンボCCS2、GB/Tの4つが国際標準規格
◎CHAdeMOはプラグを急速充電器専用として、普通充電用は別に分けているが、コンボは車両側の1つのプラグで両方に対応している

急速充電の電圧の変遷

4-11 急速充電器は新型になるほど出力が高まっているようですが、電圧が高くなると何がいいのですか？ また、CHAdeMOは高出力充電に対してどのように対応してきたのでしょうか？

■電圧が高いほど、電力を送り込む勢いが強くなる

p102でも説明したように、電圧を上げると電気を送り込む勢いが高まり、電流を増やすことは送り込む量が増えることになります。水道のホースに例えると、電圧を上げるのはホースの先を潰して圧力を高めること、電流を増やすのは蛇口を開いて水の量を増やすことで、どちらも水の勢いは増すことになるのです。

それだけの大電流を受け止めて、たくさんのバッテリーセルをまんべんなく充電するためには、バッテリーの品質やセルの組み合わせ方による構造、バッテリーに最適な電圧に調整するクルマ側のしくみも必要です。つまり、急速充電は充電器側の改良だけでなく、車体側の改良も合わせて行なうことで進化してきました。それはバッテリーのマネージメントなどを高度化することにより、大容量のバッテリー搭載を可能にしたり、バッテリーの寿命を伸ばす工夫などを盛り込むとともに、もちろんバッテリーの調達コストを下げる努力もあります。

■CHAdeMOによる高出力充電への対応

CHAdeMOはそのルーツをたどれば歴史は長く、1990年に日本でEVのブームが起こった頃、急速充電の必要性に応えるために当時の電気自動車に関わっていた自動車メーカーが基本的なしくみを作りました。そして2010年のCHAdeMO設立当時は500Vで125A、つまり62.5kWが規格のMAX電力で、急速充電器としての出力は50kWが標準でした。現在の主流はCHAdeMO1.2と呼ばれる規格で、電圧は500Vのまま400Aまで供給可能となっており、**急速充電器も60kWや90kWの高出力なタイプが登場しています**。しかし一般的な急速充電は従量制でも時間あたりの料金制となっていることから、現実には大電流の急速充電器は一部のディーラーで導入される程度に留まっています。それでもさらなる大電流充電を安全なものとするために規格化を進め、現在は1kVで400Aまでの大電流が扱えるCHAdeMO2.0が発行されています（上図）。そこで中国はさらに高電流を扱う急速充電の新規格を日本と共同開発することを提案しました。それが**ChaoJi**という名称の規格で、CHAdeMOの上位互換としての急速充電法として開発が進められています。これはCHAdeMO3.0でもあり、世界統一規格になる可能性があります（下図）。

CHAdeMO協議会によるCHAdeMOの進化の歴史

大電流による急速充電はEVでの移動を便利なものにしてくれるが、その反面、地域の電力供給を不安定にする可能性もある。送電網の整備やスマートグリッド〈➡ p20〉として地域で安定した電力供給を続けられる体制を作ることが大切。　出典：CHAdeMO協議会

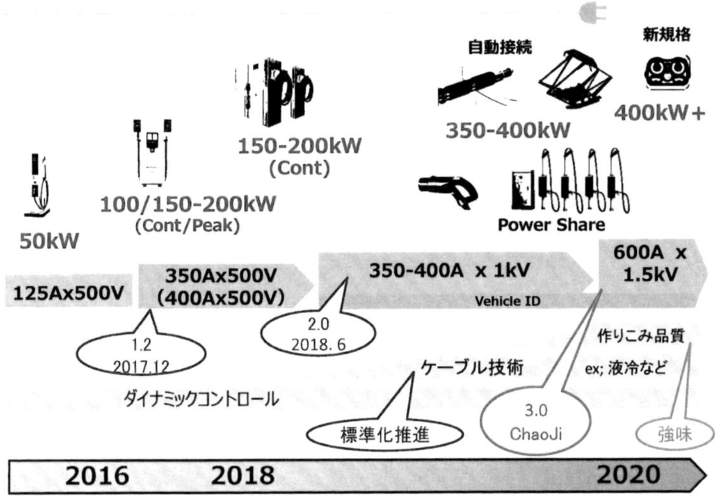

国際規格である各急速充電規格の今後の統一への動き（予想図）

世界最大の自動車市場である中国と日本が統一規格となることにより、ChaoJi（CHAdeMO3.0）が世界統一規格になる可能性が高まっている。
出典：CHAdeMO協議会

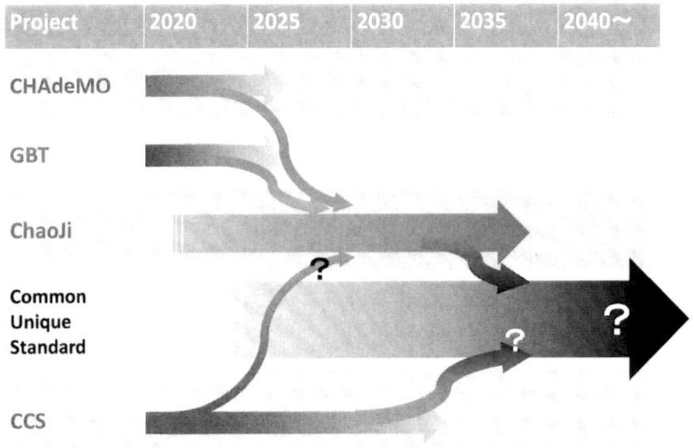

POINT
- ◎急速充電は充電器側だけでなく、車体側の改良とともに進化してきた
- ◎現在は、1kVで400Aまでの大電流が扱えるCHAdeMO2.0が発行されている
- ◎中国と共同開発しているChaoJiは、世界統一規格となる可能性がある

非接触充電のしくみとメリット

4-12

EVの充電では、ケーブルを持ってプラグにソケットを差し込むとき、感電などの不安があります。別の充電法があれば利用したいのですが、どんな方法があるのでしょうか?

■非接触による充電装置はすでに実用化されている

充電器とEVを接続して充電することを「煩わしい」と感じる人もいます。また雨の中など悪条件が重なった際に、感電などの事故を懸念する人もいます。そのため、スマートフォンなどでも使われている**非接触充電**をEVやプラグインハイブリッド車に導入して、駐車中に自動的に充電させる技術が開発されています。

これにはいくつかのしくみがありますが、**磁束**を利用する方法が一般的です。

このしくみはIHクッキングヒーターが電流をコイルによって磁束にして、磁性のある鉄製品に熱エネルギーとして伝えるのに対し、磁束を同じくコイルで受け取れば、再び電流になるというものです。この原理は、電流の電圧を変換する際にも用いられています。

すでにBMWはプラグインハイブリッド車のオプションとしてクアルコム社製の非接触充電器を用意しています（上図）。これは駐車場の床に取り付ける**送電パッド**と車体の底部に取り付ける**受電パッド**の間で磁束を利用して充電するもので、送電パッドの上に金属製品を落としても、加熱しないよう異物を検出して送電を停止する安全機構が備わっています。

また、こうした非接触充電には正確に駐車位置へ誘導するしくみも必要です。というのも、磁束を利用したものでも一般的な**電磁誘導方式**は、お互いのコイルの位置を正確に合わせる必要があるからです。これはパーキングアシスト機構などの運転支援システムが非常に有効だと考えられています。

■走行しながらの充電も研究されている

非接触充電のメリットは駐車中に充電できることだけではありません。走りながら充電する方法も考案されています（下図）。

道路に給電装置を設けて、信号待ちや走行しながら給電するというものですが、これも磁束を利用する方法が主流で、その他にはマイクロ波などの電波やレーザーなどで電気を別のエネルギーに変換して、受け取った車両側が再びそれを電気エネルギーに変換します。この方式は、例えば高速道路の一部を走りながら充電する期間を設けるなど、その建設コストが大きな課題となります。

⚙ BMWがオプションとして用意した非接触充電システム

誤ってペンなどの金属が送電パッド(Ground Pad)に落下しても、電流を流さないように検知するしくみになっている。

送電パッド

⚙ 走行中給電の技術の1つ、平行2線式給電

この方式は、中継コイルを並べる方式と比べ、2本の線を長距離に延長できるため、低コストで設置することが可能。日本の企業ダイヘンと奈良先端科学技術大学院大学が共同研究している。　ダイヘンの図を元に作成

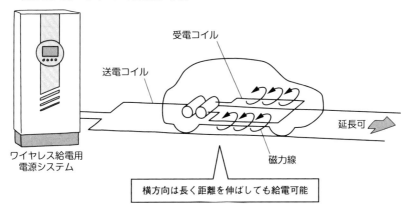

受電コイル

送電コイル

延長可

ワイヤレス給電用
電源システム

磁力線

横方向は長く距離を伸ばしても給電可能

POINT
◎非接触による充電装置には色々な方式があるが、磁束を利用するものが主流となっている
◎走行しながら給電する方法も研究されている

その他の充電方法とバッテリー交換方式

4-13

これまでみてきた充電方法以外のものがあったら教えてください。また、充電するのではなく、バッテリーを交換する方法は何が問題なのでしょうか？

■ EVバスの充電に利用されているパンタグラフ式給電

　世界中の自動車メーカーや研究機関では、バッテリーの搭載量を抑えて充電を効率良く行なうことで、電動車としての性能を確保するさまざまな方法が研究されています。欧州では電車のような**パンタグラフ**を利用した給電方法が導入されています。これはバスの停留所でパンタグラフを伸ばして駐車中に充電する方法と、ハイブリッドのトラックで高速道路などの決まった区間を走行する際に架線から給電されて走行するものが試験的に導入されています（上図）。高速道路での架線方式は充電ではなく、その部分を走行するための電力を供給するものですが、巡航中にバッテリーを充電することも可能です。

　バッテリーが革命的に進化を果たせば、こうした充電や巡航距離の問題はクリアできるようになる可能性はありますが、同時にバッテリーの生産コストも軽減して、充電する電力も環境に優しいものにしなければなりません。充電環境だけが整ってもEVを本格的に普及させるのは難しいのです。

■ バッテリー交換方式が普及する可能性

　バッテリー交換方式は、海外では小型のEVなどで一部採用されていますが（下図）、一般には普及することが難しいと考えられています。それはクルマは個人の財産という意識が根強く、交換式のバッテリーがクルマの価値を不安定にさせる要素となることへの抵抗感が一因と思われます。小型EVで採用できたのは、カーシェアリングやレンタカーなどで使われることが多い車両だから、という側面があります。

　しかしサブスクリプション※など、新たなクルマの利用方法が普及すれば、それと一緒にバッテリー交換方式も普及する可能性はあります。それでも交換用バッテリーの確保や充電設備の管理など、バッテリー交換用の施設を建設するには、**充電スタンド**にはない新たな課題が残されています。

　中国はこのバッテリー交換方式の導入を検討していると言われています。日本と異なり政府の強制力が強い国ですから、バッテリー交換式を導入すれば巨大なバッテリー交換設備などのインフラを急速に整備して、自動車メーカーを従わせることになるかも知れません。

※　サブスクリプション：ビジネスモデルの1つで、一定期間の利用権として定期的に料金を支払う方式

✿ パンタグラフ式給電の例

スウェーデンのスカニア社が実験中のパンタグラフ式給電。ハイブリッドトラックで、架線区間はEVモードで走行することが可能。

✿ 着脱式バッテリーの例

イタリアで設計され、中国で生産する超小型モビリティに採用されている脱着式バッテリー。巡航可能距離が短くなるため、観光用などのカーシェアリング用に向いているシステム。

POINT
◎バッテリーの生産コストの低減、環境に優しい電力の供給などが、EVの本格的な普及のために必要となる
◎バッテリー交換方式は、小型EVなどで一部採用されている

アクアに初採用された
バイポーラ型ニッケル水素電池とは?

　トヨタが新型アクアを発売して、そのバッテリーが注目されています。それはバイポーラ型ニッケル水素バッテリーというもので、従来のニッケル水素バッテリーと電気を作るメカニズムは同じものです。

　違うのは構造で、従来は各セルごとに正極と負極それぞれに電極板があり、直列つなぎの場合、隣り合ったセルの正極と負極を連結しますが、バイポーラ型はその連結させる電極の電極板自体を合体させているのです。これによりセルを重ねて電圧を高めながら、1つのセルのように連続した電池構造となっています。

　電極板の数を減らすことによりエネルギー密度は高まるので、これまでのニッケル水素バッテリーよりも効率が良い電池となっています。

　ニッケル水素バッテリーは、リチウムイオンバッテリーと比べてエネルギー密度は低いですが、安全性が高いことは見逃せないメリットです。

　トヨタはハイブリッド車にニッケル水素バッテリーを長い間利用してきたことで、耐久性や信頼性を高いレベルで実現するバッテリーマネージメントを手に入れています。

　新型アクアは、従来のニッケル水素バッテリーの1.4倍にエネルギー密度を高めたバイポーラ型ニッケル水素バッテリーを1.5倍に増量して搭載することで、容量としては従来の2倍を達成し、リチウムイオンバッテリーを搭載する兄弟車のヤリス・ハイブリッドと同等の燃費性能を手に入れています。

　これは世界初の快挙であり、長年ハイブリッド車を開発してきたトヨタと豊田自動織機だから実現できたことです。リチウムイオンバッテリーを製造しているメーカーも、この進化にはきっと驚いていることでしょう。

　次世代電池を開発するだけでなく、従来型の電池にもまだまだその可能性は残されているのです。

第5章

電気自動車のパワーエレクトロニクス

Power electronics
for electric vehicles

半導体とは？　パワー半導体の誕生前後

5-1

最近何かと話題になっている半導体ですが、そもそも半導体とは何ですか？　また、パワー半導体は従来の半導体とどういう部分が異なるのでしょうか？

■電気信号を扱うのが半導体、電流を変換するのがパワー半導体

　半導体は微弱な電気信号を使い、素早く正確に動作することにより、さまざまな制御に利用されている電子部品です。半導体とは、条件によって電気を通す状態（導体）と、通さない状態（不導体）に変化するもので、信号によって切り替えることでさまざまな動作を実現させることができます。この信号による切り替えを行なうのが、コンピュータのプログラムなのです。

　半導体には大きく分けて3つの働きがあります。1つは電気の流れを整えるもので、これが**ダイオード**というものです。電気信号の増幅を行なうのが**トランジスタ**です。そして電流を流したり、切断したりする**スイッチング**という回路も半導体です（上図）。コンピュータの頭脳となる**CPU**（**中央処理装置**）は、無数のトランジスタが焼き込まれた極めて複雑な半導体で、近年はメモリや入出力のための回路まで盛り込んでさらに特定の用途で効率を高めた**SoC**（**システムオンチップ**＝必要なシステムを1つのチップに集積）が普及し始めています。

　メモリは仕様によってさまざまですが、基本的にはマイナスの電荷（実質的には電子）を持っているか、放しているかで0か1のデータを記録しています。その他にもセンサーなどは数値によって電流を流す抵抗値が変わるものがあり、これらも半導体と言えます（下図）。

　これまで紹介してきた半導体は情報を扱う回路のための部品で、微弱な電流もしくは**電気信号**を利用しています。これはロジック半導体と呼ばれています。それに対して**パワー半導体**と呼ばれる半導体は、電流そのものを扱う半導体です。一般的には、半導体は電気信号を扱うため電流が小さいほど省電力化につながります。そのため、電流そのものを扱う構造にはなっていません。

　パワー半導体は1980年頃から実用化され始めた新しい発想の半導体で、直接大きな電気エネルギーを扱うことができるのが特徴です。これにより、電圧や電流の増減、直流と交流の変換、交流の周波数の変更といった電流の性質そのものを半導体だけで自在にコントロールできるようになりました。損失を抑えながら、コンパクトな**インバーター**で大きなエネルギーを正確に制御することが可能になったのです。

🔧 代表的なパワー半導体、IGBTのしくみ

強力なスイッチング回路により大きな電流の周波数を変換するIGBTの内部構造。アルミ合金のボンディングワイヤーがたくさん溶着されているパワー素子が銅板に流れる電流を制御して、作り替える。

パワー素子

🔧 半導体デバイスの種類

半導体の中でもトランジスタやダイオードのように1つの素子が単独の機能を持つものを、ディスクリート(個別半導体)という。ICはトランジスタを集めた集積回路で、LSI(大規模集積回路)やCPU(中央処理装置)はICをさらに複雑化したもの。
出典:JEITA半導体部会／WSTS(World Semiconductor Trade Statistics)分類

個別半導体素子(ディスクリート)
- ●ダイオード
  - ・小信号ダイオード
  - ・ツェナーダイオード
  - ・過電流保護ダイオード
  - ・高周波(RF＆マイクロ波)ダイオード
- ●小信号トランジスタ
  - ・バイポーラトランジスタ
  - ・電界効果型トランジスタ(FET)
  - ・高周波(RF＆マイクロ波)トランジスタ
- ●パワートランジスタ
  - ・RF＆マイクロ波用パワートランジスタ
  - ・RFパワートランジスタモジュール
  - ・汎用バイポーラ型トランジスタ
  - ・汎用バイポーラ型トランジスタモジュール
  - ・汎用電界効果型トランジスタ(FET)
  - ・汎用FETモジュール
  - ・GBT(Insulated Gate Bipolar Transistor)

- ・IGBTモジュール
- ●整流素子
- ●サイリスタ
- ●その他の個別半導体素子

オプトエレクトロニクス
- ・ディスプレイ
- ・ランプ
- ・カプラ
- ・CCD、撮像素子
- ・赤外素子
- ・レーザ素子(ピックアップ用)
- ・レーザ素子(通信用)
- ・その他の光素子

センサ/アクチュエータ
- ・温度センサ
- ・圧力センサ
- ・加速度センサ
- ・磁界センサ
- ・その他のセンサ
- ・アクチュエータ

集積回路(モノリシックIC)
- ●MOSマイクロ

- ・MOS MPU
- ・MOS MCU
- ・MOS DSP
- ●ロジック
  - ・デジタルバイポーラ
  - ・汎用MOSロジック
  - ・MOSゲートアレイ
  - ・MOSスタンダードセル＆FPLD(Field Programmable Logic Device)
  - ・MOSディスプレイドライバ
  - ・MOS特定用途向けロジック
- ●MOSメモリ
  - ・DRAM
  - ・SRAM
  - ・マスクPROM
  - ・EPROM
  - ・フラッシュメモリ
  - ・その他のメモリ
- ●アナログIC
  - ・標準リニアIC(汎用アナログIC)
  - ・専用アナログIC

POINT
◎半導体には、整流、増幅、スイッチングの3つの働きがある
◎パワー半導体は大きな電気エネルギーを直接扱うことができ、電圧や電流の増減、直流と交流の変換、交流の周波数の変更などをコントロールする

パワー半導体の進化が電動車の未来を決める?

パワー半導体はEVにとって欠かせないものだと言われますが、それはどうしてですか? パワー半導体の進化が、EVにどのような影響を与えるのでしょうか?

■バッテリーとモーターを上手に使うためにパワー半導体の性能が大事

パワー半導体が登場するまでは、ある程度の大きさの直流を交流に変換する場合、トランスとスイッチング回路などを独立して用意する必要があり、なかなかに大掛かりな装置を使わなくてはなりませんでした。

EVはどうして**交流**と**直流**の両方を使うのかというと、バッテリーは直流電流しか溜めておくことができないからです。一方、交流は制御が複雑になりますが、モーターを動かしたり運動エネルギーを回収して発電するためには交流を使った方が効率が高まります。また送電網も、発電所から家庭などに電力を送るには電柱まで高電圧で送った方が効率がいいので、変電所までとトランスのある電柱までの2段階で電圧を落とすことを考えると、変換ロスが少ない交流の方が都合がいいのです。

戦後に登場した昔の電気自動車は直流電流を使い、回生充電も使えない鉛酸バッテリーだったために非常に効率が悪く、巡航可能距離も短いものでした。そのためガソリン車に需要が集中して、EVは姿を消してしまいます。

しかし1990年頃の第二次EVブームからバッテリーのエネルギー密度や充放電速度が高まり、モーターも高性能になったことに合わせてモーターを制御する**ECU**や、電力を増減、変換させる**コンバーター**、周波数を変換する**インバーター**の性能も高められてきました。つまり車体を加速させるモーターと、エネルギーを溜めて供給するバッテリー、そして電力を変換してモーターとバッテリーを制御する**PCU**の3要素がバランス良く高められてきたからこそ、現在EVが実用的になりつつあるのです（上図）。さらにEVを普及させるには、充電スタンドの充実化だけでなく、EVの側でもよりエネルギー効率を高める必要があります。

そういった意味では、バッテリーの開発と並んで今後パワー半導体が進化することで、EVやプラグインハイブリッド車の性能を向上させる可能性が高まるのです。パワー半導体にもいくつか種類がありますが、**IGBT**（**絶縁ゲート型バイポーラトランジスタ**）と呼ばれるパワー半導体は、中でも大きな電流を効率良く変換できるものとしてEVやハイブリッド車に搭載されており、まだまだ大きく進化することが予測されています（下図）。

⚙ EVやハイブリッド車のPCUのしくみ

ECUはモーターやバッテリー、インバーター(IGBT)の温度などを管理しながら、ドライバーの加速要求などに対し、どれだけの電力をモーターに供給するか決定する。それをIGBTに伝えると、バッテリーから必要な電力を受け取ってIGBTが電圧や周波数を変換し、モーターへと供給する。

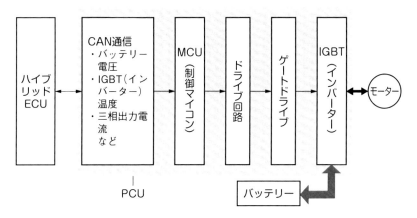

⚙ パワー半導体の種類と特徴

パワー半導体にはIGBTのほか、MOSFET(絶縁ゲート電界効果トランジスタ)とGTO(ゲートターンオフサイリスタ)などがあるが、GTOはIGBTに取って代わられ、日本では生産が終了している。今後、新しい素材のSiC(シリコンカーバイド)とGaN(窒化ガリウム)が実用化されれば〈➡ p120〉、より高速な周波数や大きな電流を扱っても損失が減らせることが見込まれている。　出典：JEITA

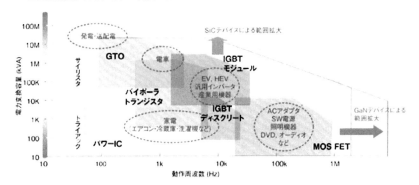

POINT
◎モーター、バッテリー、PCUの性能向上が、EVの実用化をもたらした
◎パワー半導体の進化が、EVの性能アップにつながる
◎大きな電流を効率良く変換できるIGBTは、今後の進化が期待される

インバーターの変換ロスは無視できない

EVはガソリン車に比べてエネルギーロスが少ないと聞いていますが、インバーターに関係するエネルギーロスはどのくらいになるのでしょうか？

■電流の変換や充放電の際にはロスが伴う

　直流を交流にしたり、電圧や周波数を変換することは、効率を高めるために行なう作業ですが、電気エネルギーを変換するので、そこには損失が伴います。現在のところ、インバーターによる変換効率は90%〜95%程度と言われていますが、大きな電力の内の5%は結構なエネルギーロスと言えるものです。

　しかも、電力の変換ロスは変換する度に発生します。走行中は電力を消費している状態と回生充電している状態を繰り返しているので、その度ごとに変換ロスがどちらにも発生していることになります。またバッテリーを充電しているときには、そのバッテリーの電圧よりも高い電圧で電流を送ることで内部に電気を蓄えさせるのですが、そこでも電気を押し込むために電圧が使われて損失となっているのです（上図）。

■バッテリーやPCUには積極的な冷却が必要

　そうした損失はすべて熱エネルギーとして放出されます。だからスマートフォンも充電中や動画を見るときなど、エネルギーの出入りが激しいときに発熱するのです。EVやプラグインハイブリッド車は、さらに大きな熱（といってもエンジン車ほど熱損失は大きくない）を発生するので、バッテリーやPCUは積極的に冷却してあげることが必要です。そのため、PCUは基本的に専用の冷却系が与えられた水冷になっており、バッテリーも水冷方式が主流になってきています（下図）。

　バッテリーを充電するときの損失は、その分電力を費やして充電すれば解決できますが（そうは言っても、世の中のクルマのほとんどがEVになれば、ここでの電力損失も無視できないほど大きなものになる）、走行中の損失はそのまま航続距離の減少につながるので、バッテリーの中に蓄えられた電力をムダなく利用することは、バッテリーの能力向上と同じ効果を生むことになるのです。

　IGBTは日本人の技術者が長年研究して実現にこぎ着けたパワー半導体で、フラッシュメモリなどと並んで、日本の技術力が誇る半導体技術と言えるでしょう。つい最近、新しい構造のIGBTが開発され、従来と比べ大幅に損失を低減することができるようになることが期待されています。

⚙ EVのエネルギーロス

EVは充電時に電流の変換ロスとバッテリーの充電ロスが発生する。そして走行時にはバッテリーの出力によるロスとPCUの変換ロス、そしてモーターでのロスがあり、減速時には逆にモーターによる発電ロス、PCUの変換ロス、バッテリーの充電ロスが発生する。

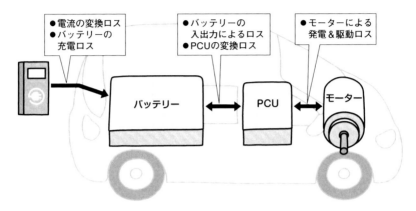

⚙ PCUの例

PCUは大きな電流を扱うため、変換時の損失が熱となって発散される。効率の低下と熱破壊を防止するために冷却が欠かせない。写真は先代のプリウスのPCUだが、左側に水冷の配管が突き出ている。IGBTが電流を変換するときに発生する熱をヒートシンクで受け取り、冷却水に吸収させて安定した作動を実現している。

POINT
- ◎インバーターによる変換効率は90%～95%程度だが、5%のロスは大きい
- ◎損失は熱エネルギーとして放出されるので、積極的な冷却が必要
- ◎新しく開発されたIGBTは、大幅な損失の低減が期待されている

シリコン半導体よりも高効率な次世代パワー半導体

パワー半導体を高効率にする素材が開発されているようですが、どんな種類があるのですか？　また、その中で特に注目されている素材はあるのでしょうか？

■ SiCの実用化が進む中、GaNやGa$_2$O$_3$なども開発中

シリコンをベースにした半導体はさまざまな部品製造で実績があり、精密で高性能なシリコン半導体が世界中で利用されています。パワー半導体も色々な電子機器で使われて、日常生活の中で役立っています。

その一方で、大きな電流を扱いさらに高い変換効率を求めると、現在のシリコン半導体ではすでに技術的には熟成の域に達しており、飛躍的な性能向上を求めることが難しくなってきました。このあたりは、現在のリチウムイオンバッテリーと状況が非常に似ています。そこで現在、シリコンと炭素の化合物であるSiC（シリコンカーバイド）や、GaN（窒化ガリウム）を素材にした半導体が、次世代のパワー半導体として注目を集めています（上図）。

SiCは、素材として完成させるまでに時間や手間がかかり、歩留まり（製造中の不良率が高い）も悪いため、材料としてのコストがシリコンよりも数十倍になってしまうのが課題です。また薄くスライスしてウエハーとする加工もシリコンに比べ6倍以上の時間がかかってしまうのが現状です。そこで国の研究期間である産業技術総合研究所は、2021年からSiCウエハーの製造技術に関する大型共同研究を始めています。これはウエハーメーカーを含む民間企業17社や公的研究機関3団体と連携し、低コストなSiCウエハー製造技術の確立を目指すものです。

ガリウムは素材としても高価で、GaN半導体の製造コストはシリコン半導体に比べて100倍ものレベルになっていると言われています。現在はシリコンの上にGaNの薄膜を形成することで、低コストで高速なスイッチング能力を誇るGaN半導体が登場しています。しかしこれは大きな電流を扱うのは不向きなので、EV向きのパワー半導体には使われることはないでしょう。

また最近、Ga$_2$O$_3$（酸化ガリウム）という新しい半導体素材が日本で発明され、生産が始まっています。これはSiCやGaNよりも性能が高く、シリコンと同程度の製造コストを実現できるとされており、次世代パワー半導体の主役に成りえるものとして期待されています（下表）。このように半導体は素材開発から設計、製造技術、積層構造などあらゆる要素で、まだまだ進化が見込める部品なのです。

◯ GaN半導体を採用したコンセプトカー

名古屋大学 未来材料・システム研究所が作り上げたコンセプトカー「ブルービークル」。全長約3mのコンパクトなボディで4名乗車を実現し、インホイールモーターと17.5kWのリチウムイオンバッテリーで230kmの航続距離を可能とする。

◯ 主な半導体材料とGa_2O_3の物性値比較

現在使われているのはSi(シリコン)をベースとした半導体だが、特に電力を直接制御するパワー半導体ではSiC(シリコンカーバイド)やGaN(窒化ガリウム)などのより高効率な半導体が開発されている。Ga_2O_3(酸化ガリウム)はまだ課題もある半導体だが、効率とコストの面から、パワー半導体を飛躍的に普及させる新素材として注目されている。
出典：NanotechJapan Bulletin(第32回)国立研究開発法人 情報通信研究機構 未来ICT研究所 東脇正高

	Si	GaAs	4H-SiC	GaN	Diamond	β-Ga_2O_3
バンドギャップ(eV)	1.1	1.4	3.3	3.4	5.5	4.8-4 9
移動度(cm^2/Vs)	1,400	8,000	1,000	1,200	2,000	300 (推定)
絶縁破壊電界(MV/cm)	0.3	0.4	2.5	3.3	10	8 (推定)
比誘電率	11.8	12.9	9.7	9.0	5.5	10
バリガ性能指数($\varepsilon\mu E_c^3$)	1	15	340	870	24,664	3,444
熱伝導率(W/cm·K)	1.5	0.55	2.7	2.1	10	0.23 [010]

POINT
◎SiCやGaNが次世代パワー半導体の素材として注目されている
◎Ga_2O_3はSiCやGaNよりも高性能で、シリコンと同程度の製造コストを実現できる素材として特に期待されている

日本は地熱発電と潮流発電の
ポテンシャルが高い

　再生可能エネルギーと聞くと、太陽光発電や風力発電を想像する人が多いようですが、私は地熱発電と潮流発電に注目しています。その理由は、太陽光と風力は発電量を天候に左右されやすく、想定した発電量を確保できないことも多いからです。

　その点、地熱発電と潮流発電は安定した発電量が見込めるだけでなく、日本の風土に合っているため、積極的に利用することで他国のように再生可能エネルギーの比率を大幅に高めることが可能になります。

　日本は地球の地底にあり、地殻を形成する岩盤層のプレートが4つも重なり合っているという特殊な環境にあります。そのため地震が多いという難点もありますが、日本は火山国として地熱エネルギーに恵まれています。

　そのため、日本の地熱資源は世界で3番目に大きく、国土を考えれば驚異的なほどのエネルギーが眠っているのです。

　地熱発電は温泉の源泉が噴出する場所の近くにポテンシャルが高い場所があるため、温泉業者にとっては温泉が枯渇する心配があって、なかなか開発が難しい状況にありました。ただ、コロナ禍で観光業界が大打撃を受けている今は、温泉業者の権利を買い取るなどの支援も兼ねた開発ができるのではないでしょうか。一方、岩盤の下には高圧高温（500℃！）の超臨界水があり、それを取り出して発電に利用しようという研究も進んでいます。

　潮流発電はその名の通り、海流のエネルギーを利用して発電するものです。日本は四方を海に囲まれ、黒潮と親潮がぶつかり合う場所があることから、漁場に恵まれているだけでなく、潮流のエネルギーも取り出しやすい環境にあります。

　風力よりはるかにエネルギーが高い海流から発電することは、環境への影響も少なく、安定した発電が行なえる素晴らしい方法だと思うのです。

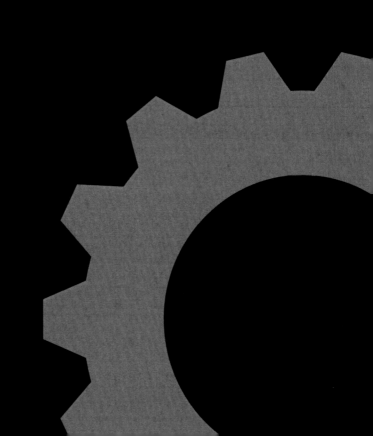

第6章

ハイブリッドの技術革新

Innovation of hybrid

エンジンが発電するとEVはグンと実用性が高まる

日産のノートなど、エンジンが発電してモーターで走行するクルマはいつ頃から存在するのでしょうか？　また、このタイプにはどのようなメリットがあるのでしょうか？

■ EVにエンジンの実用性を組み合わせれば、便利なクルマになる

今から120年以上前のクルマの黎明期には、蒸気で走るクルマやバッテリーの電気で走るクルマが存在していました。しかし鉛酸バッテリーだけでは航続距離が短か過ぎて貴族の庭遊び用にしかならなかったため、エンジンと発電機を搭載して発電しながらバッテリーに溜め（電圧を安定させる効果もある）、モーターを駆動していたのです。その1つがローナー・ポルシェ、ドイツのVWビートルを設計したフェルディナント・ポルシェ博士が最初に設計したクルマでした（上図）。当時はミクステと呼ばれたこの方式こそ、シリーズハイブリッドの元祖と言えるクルマだったのです。

やがてエンジンや変速機の効率が高まったことで、EVは姿を消すことになります。それでも時代の変わり目にはEVが登場するのですが、ハイブリッドは1989年に日野自動車がバスで実用化するまでは試作車段階止まりでした。というのも、ハイブリッドはEVやエンジン車よりも制御が複雑で実現が難しく、さらに実際にガソリン車よりも省燃費を実現しなければ普及の見込みがなかったからです。

90年代に入ってバブル経済が崩壊するまでは、ガソリンの価格が高騰して一時的に困ったことはあっても、燃費や排気ガスによる環境汚染に対する意識はそれほど高くありませんでした。やがて燃費に対するユーザーの意識が高まると、そこからやっと自動車メーカーも燃費の向上に力を入れ始めたのです。その当時、EVの効率は高くても、充電スタンドなどほとんどなく、航続距離も短い状態だったので、完全に趣味の乗り物としてガソリン車をEVにコンバートする程度でしかありませんでした。それよりガソリン車の燃費を向上させる方が現実的だったのです。

つまりエンジン車の効率が向上し、EVの能力を部分的に利用すればさらに効率が良くなる、という状態まで技術レベルが高まったからこそハイブリッド車は登場したのです。そしてハイブリッド車登場後のガソリン車も、さらに燃費を追求するようになりました。ということは、エンジンはそれだけ効率が高まっているのだから、EVの巡航距離の短さや充電の煩雑さを、今度はエンジンが補ってあげられるということになります（下図）。エンジンの効率の良い領域だけを発電に使えば、EVの実用性を高めることが可能です。

⚙ 1900年にフェルディナント・ポルシェ博士が製作したローナー・ポルシェ

フロントタイヤにインホイールモーターを組み込み、床下にバッテリーを収めている。発電用エンジンは前席と後席の間に置かれている。ボディはさまざまな仕様が作られ、乗り合い自動車のようなタイプも存在した。エンジンを搭載しないEVも作られた。

発電用エンジン

インホイールモーター　　　　バッテリー

⚙ 燃料によるエネルギー密度の違い

エンジンの使う液体燃料は、エネルギー密度が現在のリチウムイオンバッテリーのおよそ40倍もあるので、シリーズハイブリッドはEVより効率が悪くても燃料タンク1回分の燃料で500km以上の巡航距離を実現できる。しかも発進加速など負荷の高いときにもエンジンは無理をする必要がないので、燃費や排気ガスのクリーンさでもエンジン車よりも優れている。　　出典：トヨタ

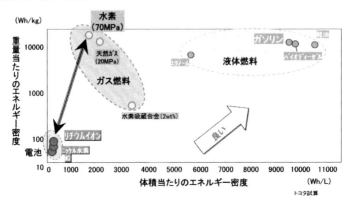

POINT
◎シリーズハイブリッドの元祖はポルシェ博士が設計したローナー・ポルシェ
◎エンジン車の性能が高まったからこそ、ハイブリッド車が登場した
◎エンジンの効率の良い領域だけを発電に使えば、EVの実用性は高まる

THSの電動無段変速機のしくみ

プリウスのハイブリッドシステムのしくみが理解できません。エンジンを走行と発電の両方に使っているそうですが、どうやって切り替えているのでしょうか?

■ 1組の遊星歯車機構を2つのモーターでさまざまに制御

トヨタは1997年に世界初の量産ハイブリッドカー、プリウスを発売しました。その特徴は、**シリーズハイブリッド**と**パラレルハイブリッド**のどちらの機能も併せ持つ**シリーズ・パラレルハイブリッド**(トヨタは**ストロングハイブリッド**と呼ぶ)を実現する**THS**(トヨタハイブリッドシステム)にあります。

このTHSの素晴らしいところは、シンプルな構造のメカニズムを複雑に制御することでさまざまな動作モードに切り替えられる点です。

THSは遊星ギアを用いてエンジンと2つのモーターを連結し、状況に応じてモーターのみの走行からモーターとエンジンを組み合わせた走行、エンジンで走行しながら発電機で充電するなど柔軟に切り替えるのです。しかも、それを実現しているのは1組の遊星ギアだけなので、損失が極めて少ないというのも利点です。

1基めの発電機兼モーターであるMG1は遊星ギアの中心にあるサンギアに直結していて、取り囲むプラネタリーギアを保持するプラネタリーキャリアとエンジンの出力軸が直結しています(上図、下図)。遊星ギアの外周になるリングギアには、MG2が直結(現在のTHSⅡは減速機を介している。上図)していて、走行用としてタイヤを駆動して、減速時には回生充電します。

THSが賢いのは、MG1の使い方です。エンジンに積極的に発電させることができるだけでなく、自らの回転数をコントロールすることで、エンジンの回転数をリングギアへ伝える際の変速機になるのです。さらに高速巡航時には変速機として役立ちながら発電した電気でMG2を駆動して、燃費性能をより高めます。

トヨタはTHSをプリウス以外のトヨタ車にも採用するとともに、さらに進化させて効率を高めています。そしてFCVやEVの特許とともにTHSを中心としたハイブリッドに関する特許を無償で公開しています。しかしグループ企業であるスバルが、北米市場向けのハイブリッド車にTHSの技術を応用した独自のハイブリッド変速機を開発した以外は、THS技術を利用しているメーカーは登場していません。それは部品の供給も含めTHSが独自技術の塊で、他社は特許の問題だけでなく、トヨタに技術協力を請わなければTHSを利用することが難しいことも理由のようです。

⚙ 現行のプリウスなどに採用されているTHSⅡのしくみ

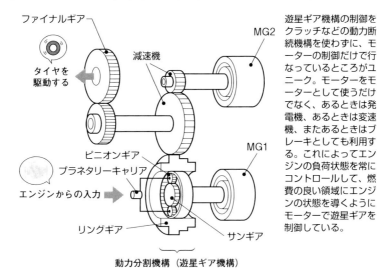

ファイナルギア
タイヤを駆動する
減速機
MG2
ピニオンギア
プラネタリーキャリア
エンジンからの入力
リングギア
サンギア
MG1

動力分割機構（遊星ギア機構）

遊星ギア機構の制御をクラッチなどの動力断続機構を使わずに、モーターの制御だけで行なっているところがユニーク。モーターをモーターとして使うだけでなく、あるときは発電機、あるときは変速機、またあるときはブレーキとしても利用する。これによってエンジンの負荷状態を常にコントロールして、燃費の良い領域にエンジンの状態を導くようにモーターで遊星ギアを制御している。

⚙ 実際のTHSⅡユニット

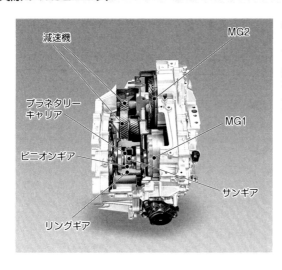

減速機
MG2
プラネタリーキャリア
MG1
ピニオンギア
サンギア
リングギア

当初のTHSは、MG1とMG2が直線的に並んでいたが、減速機をリングギアとは反対に置いて縦に並べることを可能とし、パワーユニットの全幅を短縮することに成功した。

POINT

◎トヨタのTHSは、遊星ギアを用いてエンジンと2つのモーターを連結し、シンプルな構造のメカニズムを複雑に制御することで、状況に応じたさまざまな走行モードへの切り替えを実現している

発電のためのエンジンに求められる特性

エンジンは、発電に専念した方が効率を高められるのはどうしてですか？　発電専用にすることで、具体的にどのような違いが出てくるのでしょうか？

■エンジン回転数を限定して、効率の良い領域だけの運転ができる

　エンジンだけで走行の駆動力を作り出す従来のエンジン車は、負荷や車速に応じて変速機のギアを選ぶことで、エンジン回転数や駆動トルクを調整しています。それによって発進加速の力強さと、高速巡航時の燃費性能を両立させているのです。

　一方エンジンを発電専用にした場合、負荷が大きなときにはバッテリーに蓄えた電力をより多く使うことで、モーターに大きな電流を送ることが可能です。エンジンは若干発電量を高めて、加速が終わった後もしばらく発電量を高いまま維持することで、バッテリーの消費電力を充電して補うことができます。

　負荷が大きくなると言っても、直接駆動しているわけではないので、負荷の増減を大きくすることなく、エンジンを安定して運転し続けることができます。これによって、エンジン回転の上下動やトルク変動が少ない運転が可能になります（上図）。

　もう少し具体的にみてみます。エンジン車の場合、登り勾配で強い加速をしようと思ったら、ギアを低いものに変速し、エンジン回転を上昇させるだけでなく、そこからさらに燃料も空気も供給量を増やして、高回転域までエンジン回転を上昇させる必要があります。高回転まで回せば確かに出力は出るのですが、**摩擦損失**や排気、冷却のために**熱損失**が増えて効率が落ちてしまうことになります。それは燃費の悪化、すなわち排ガス成分の増大という形で現れるのです。

　その点発電専用であれば、加速のためにエンジン回転を高回転域まで上昇させる必要はありません。さらにロングストロークで、吸気バルブを開閉させるタイミングを変化させたり、**EGR（排気ガス再循環）** を駆使することにより、負荷に応じて燃料や吸気量を減らして、効率の良い運転の効果をより高めることができます。

　日産は北米市場向けのe-POWER（シリーズハイブリッド）に、長年開発してきた可変圧縮機構とターボチャージャーを組み合わせたエンジンを採用しています。発電専用であっても負荷に応じて実質的な排気量や圧縮比を調整することで、さらにエンジンの効率を高めているのです（下図）。

　こうしてより小さな排気量、コンパクトで軽量なエンジンにすることが可能になり、エンジンの持つ能力をより引き出すことにつながっています。

⚙ 等燃費曲線

等燃費曲線は、燃料消費率をエンジン回転数と負荷の強さで表示したもの。線で区切っている領域は同じ燃料消費率で、同じ燃料の量で同じ出力を得られることを示している。アミの色が濃く丸くなっているところが最も燃費の良い領域で、「燃費の目玉」と言われる部分。シリーズハイブリッドなら、発電機の負荷を調整することで、常に燃費の目玉の領域で運転することが可能となる。

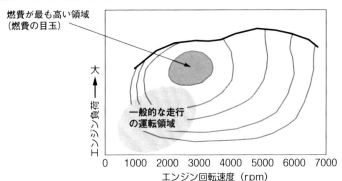

⚙ 日産のノートe-POWERの燃料消費率からみたエンジン回転数のグラフ

エンジン回転数では、2400rpm付近で回転しているときが出力に対して最も燃料消費が少ない状態。先代の日産ノート（ガソリン車）の場合、同じエンジンでも最大トルクを発生するのは3600rpmなので、それよりもずっと低い回転数で回している方が燃費が良いことになる。　日産の図を一部改変

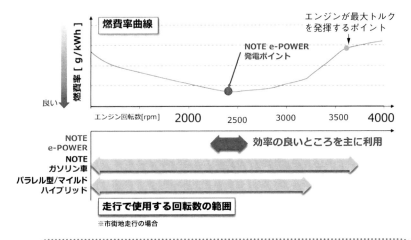

> **POINT**
> ◎発電専用であれば、効率の良いエンジン回転数の領域だけで運転できる
> ◎負荷に応じてエンジンの出力を上げる必要が少ないため、小排気量かつコンパクトで軽いエンジンを搭載することができる

発電専用エンジンの開発には制約がない？

走行用のエンジンをそのまま発電用として使用するのではなく、最初から発電専用のエンジンを開発する場合、どのようなメリットがあるのでしょうか？

■発電専用エンジンにはさまざまなメリットがある

　前項で説明したように、シリーズハイブリッドでは加速の強さに応じてエンジンの出力を上げる必要がないため、排気量が小さく、軽いエンジンを搭載することが可能になります。

　発電専用エンジンのメリットは、それだけではありません。エンジンの動力をタイヤに伝える必要がないため、駆動系の部品が不要になる（モーターからタイヤに駆動力を伝える部品は必要）ことで、変速機などのコストがゼロになるだけでなく、エンジン自体の構造の自由度も高まります。また、エンジン回転数域や負荷の大きさを一定の範囲内に制限することで、エンジン部品の強度レベルも低くすることが可能になり、部品の軽量化やエンジンのコストダウンにつながります。

　エンジンの搭載位置も、タイヤに駆動力を伝達する必要がないため、自由度が高まります。といっても、前面衝突時の衝撃吸収を考えれば、フロントにエンジンルームを設けて、そこにエンジンを収めるのが合理的ではあります（上図）。

　またエンジンの搭載方法も、車体から吊り下げてエンジンルームの中で浮いているような構造にすることにより、エンジンの振動を車体に伝えないようにすることも可能になります。現在のエンジン車もエンジンマウントはゴムの中に液体を封入して振動の吸収性を高めたり、車体から吊り下げる構造を取り入れて、車体にエンジンの振動を伝えない工夫が盛り込まれています。しかし発進時や加速時には、エンジンや駆動系にエンジントルクの反力が発生するので、それを抑えてしっかりと踏ん張らなければならないという振動の遮断とは相反する問題があるのです。

■モジュール化によって発電ユニットとしての利用が可能になる

　エンジンと発電機をモジュール化（1つのまとまった機械部品にすること）すれば（下図）、さまざまなデザインのボディに搭載する共通の発電ユニットとして利用することができるようになるでしょう。例えば、カーシェアや自動運転タクシー用の発電ユニットとした場合、走行距離に応じてメンテナンスの必要が出た発電ユニットは丸ごと交換して、車両の点検保守に関わる時間を短縮し、稼働時間を増やすような効率の良い運営もできそうです。

⚙ ホンダのハイブリッドシステム

エンジン走行クラッチ
走行用モーター
発電機

シリーズハイブリッドの欠点は、高速道路を巡航する場合、エンジンの駆動力を使って走行するより効率が悪くなること。そのため、ホンダや三菱のプラグインハイブリッド車は、基本はシリーズハイブリッドとしてモーターだけで走行しながら、高速巡航時にはエンジンの駆動力で走行し、加速時にモーターでアシストする方法を採用している。

⚙ 発電専用エンジンユニットの例

オーストリアのエンジニアリング企業OBRISTが開発した発電専用エンジンユニット。直立2気筒エンジンと発電機を備えて、低振動を実現している。これをエンジンルームに収めるだけでエンジンが発電するので、バッテリーやEアクスル〈➡ p76〉を組み合わせるだけでシリーズハイブリッド車が作れる。

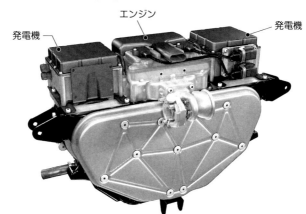

エンジン
発電機
発電機

POINT
◎発電専用エンジンは軽量化やコストダウンのほか多くのメリットがある
◎エンジンと発電機のモジュール化により、色々なデザインのボディに搭載可能な共通の発電ユニットとして利用することができる

ハイブリッドはレイアウトによっても分類される

ハイブリッド車やEVは、クルマによってモーターが組み込まれている位置が違うようですが、どのように分類され、それぞれどういう特徴があるのでしょうか?

◢ サプライヤーを中心にモーター位置での分類がされている

ハイブリッド車は、シリーズハイブリッドとパラレルハイブリッドに大別できますが、それとは別にモーターのマウント位置で分類する考え方も存在します（上図）。

P0と呼ばれるレイアウトは、エンジンによって駆動される発電機をモーター機能付きの発電機（BSD＝ベルト式スターター兼発電機）として、エンジン始動時のスターターや加速時のアシストに使われるものです。一般に**マイルドハイブリッド**と呼ばれるタイプの大半は、このレイアウトを採用しています。メリットは従来のガソリン車からあまり手を加えなくても実現できることです。ただし燃費向上に貢献できる効果は限られているので、今後はP2やP4が主流になりそうです。

P1はエンジンのクランクシャフト後端にモーターを直結するもので、ホンダが超薄型モーターを開発してNSXなどに採用しています。ただしエンジンとモーターは切り離せないため、EVモードでの損失が大きく主流にはなっていません。

P2は、エンジンと変速機の間で駆動力の伝達を断続するクラッチ機構にモーターを組み込むレイアウトです。AT車にはトルクコンバーターという流体クラッチが組み込まれていますが、これを小さくしてモーターを組み込んだり、トルクコンバーターの代わりに多板クラッチを用いてモーターと組み合わせます。このタイプにもマイルドハイブリッドとフルハイブリッドが存在します。**P3**は変速機の後端にモーターを組み込む方法で、変速機を独自に設計する必要はあるものの、駆動力の伝達経路がエンジンと同一なので比較的シンプルな構造にできます（下図）。弱点は変速機とモーターは切り離せないものが多く、EVモードでの走行でも変速機やトルクコンバーターをモーターが駆動する損失があることです。そのためEVモードではなく、P0のようにアシスト用に小型のモーターを採用しているモデルも存在します。

P4は、エンジンと完全に分かれて独立した電動パワートレインを与えるレイアウトです。これは主にフロントにエンジン、リアは独立したモーターで駆動するスタイルが主流となっています。また、最近は**P5**と呼ばれるタイプも登場しています。これは**インホイールモーター**を使うもので、P4やP5は電動4WDとしてハイブリッドに使われるほか、リア駆動のEVも同様の機構を採用しています。

◉ ハイブリッドのレイアウトによる分類

それぞれの位置にモーターが組み込まれることでハイブリッド車とされる。FF車をベースとしたエンジン横置きのクルマも多く、その場合でも4WD車はリアタイヤの駆動は変速機からプロペラシャフトを介して伝える場合と、独立したモーター（P4など）による電動4WDの2種類が存在する。

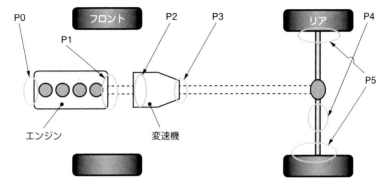

◉ スバルのチェーン式CVTに組み込まれたモーター

これはP3タイプのハイブリッド。バッテリーの搭載量も少なめで、EVモードは存在せず、エンジンのアシストに利用しているのみだが、自然な加速感と省燃費を実現している。

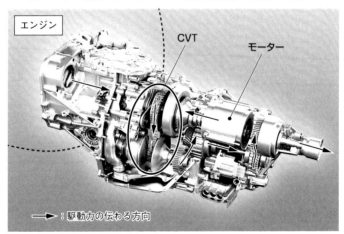

POINT
◎ハイブリッド車は、モーターの搭載位置によってP0からP5の6種類に分類することができる
◎それぞれに特徴があるが、今後はP2やP4が主流になる可能性が高い

6-6 ロータリーエンジンやガスタービンで発電

クルマ用のエンジンはレシプロが主流ですが、ハイブリッドの発電用として搭載されるエンジンでは新しい動きがあるようです。今後どんなエンジンが登場してくるのですか？

■運転モードが幅広いクルマのエンジンにはレシプロが適している

エンジンと聞くと、円筒状のシリンダーをピストンが往復して圧縮や燃焼を繰り返すものをイメージするかもしれません。そうした往復機関を**レシプロエンジン**と言います。これはクルマの**内燃機**（機関の内部で燃焼して熱エネルギーを取り出すエンジン）として一般的ですが、エンジンには他にもさまざまな種類があります。例えば航空機のジェットエンジン。昔のプロペラ機はクルマと同じレシプロエンジンでしたが、より高速で移動するために連続して燃焼できるガスタービンエンジンを航空機用に最適化したジェットエンジンに進化させています。

クルマの場合、交差点で停止したり、高速道路で巡航したりと、非常に幅のある運転モードはエンジンの回転数を頻繁に上下動させる必要があるため、ガスタービンエンジンでは燃費が悪く、レシプロエンジンが主流になりました。

■ロータリーの復活、ガスタービンも登場の可能性

ロータリーエンジンはクルマの動力機関として完成された唯一の回転機関ですが（上図）、排ガス規制の影響で一時的に生産を終了しています。しかし、ハイブリッド車やレンジエクステンダーEVが普及していくことにより、再びクルマに搭載されることになりました。マツダはMX-30のEV MODELにレンジエクステンダーとしてロータリーエンジンを搭載した仕様を追加することを明らかにしています。

一方、2019年の東京モーターショーで三菱は、SUVのシリーズハイブリッド車をコンセプトカーとして出展しました（下図）。これはリアに**ガスタービンエンジン**を搭載しており、未来的なスタイリングだけでなく、そのメカニズムにも関心が集まりました。

現在、三菱のアウトランダーやエクリプスクロスに設定されているPHEVは、従来のガソリンエンジンを搭載していますが、将来的にはさまざまな燃料に対応できるガスタービンエンジンに置き換わることをイメージしているのかも知れません。

もちろんこれまで色々な技術が盛り込まれ、熱効率を改善してきたレシプロエンジンも、発電用のエンジンとしてさらに改善されて搭載され続けることになるでしょう。

ロータリーエンジン

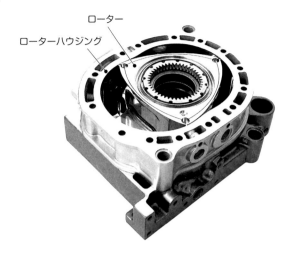

ローター

ローターハウジング

ロータリーエンジンは、ドイツのバンケル社が発明した回転機関だが、クルマ用に実用化できたのは日本のマツダのみ。排ガス規制の問題で一時的に姿を消していたが、発電専用として復活することが決定している。

三菱のコンセプトカー

2019年の東京モーターショーで発表したMI-TECH CONCEPT（マイテックコンセプト）は、前後に左右それぞれ独立したモーターを与え、トルクを制御することにより高い走破性と旋回性能、安定性を実現している。発電用にガスタービンエンジンを搭載することで、小型軽量なユニット、さまざまな燃料に対応できる柔軟性を備えている。

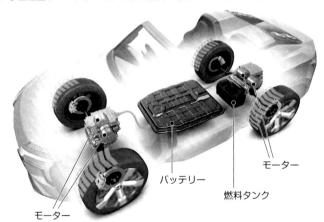

バッテリー

燃料タンク

モーター

モーター

POINT ◎シリーズハイブリッドの発電用エンジンや、レンジエクステンダーEV用のエンジンとして、一時姿を消していたロータリーエンジンやガスタービンエンジンが注目されている

6-7 開発中の色々なエンジン

前項ではロータリーエンジン復活の話が出ましたが、発電専用エンジンとして、これまでにないようなエンジンが誕生する可能性はあるのでしょうか?

■一度廃れた機構でも新技術、合成燃料などで復活する可能性も

レシプロエンジンでも、実は長い歴史の中では色々なレイアウトのエンジンが開発されてきました。第二次世界大戦までの戦闘機には星型空冷エンジンと呼ばれる、まるで花のように中心から放射状にシリンダーが伸びるエンジンが存在しました。

戦後の日本には**対向ピストンエンジン**という、ピストンが上下から空気を圧縮し、軽油を噴射して燃やすディーゼルエンジンを搭載するバスも存在しました。このエンジン形式は、戦車や船舶などにも使われていましたが、**機械損失**が大きいことから姿を消してしまいました。

しかし発電専用エンジンとして再び研究されています。それは、向かい合うピストンが振動を打ち消し合うことによって生まれる無振動という特性が武器になりそうだからです。アメリカのAchates Powerというエンジニアリング企業は、2サイクルディーゼルの対向ピストンエンジンを研究開発しています。これは直噴に過給器を組み合わせることで、従来よりもコンパクトなエンジンで大きなクルマを動かせる高効率さを誇っています。日本でも対向ピストンエンジンは開発されています（上図）。ちなみに日本のスバルやポルシェが採用している水平対向エンジンも、中心から左右に伸びるシリンダーがお互いの振動を打ち消し合うので、振動特性に優れているという特徴があります。

ユニークなレイアウトとしては、直列2気筒ですがそれぞれにクランクシャフトを持ってギアで連結している**タンデム2気筒**というエンジンもあります（下図）。これはp131・下図で紹介したオーストリアのOBRISTというエンジニアリング企業が開発したもので、向かい合ったシリンダー同士が逆に回転することで振動や偶力（回転運動によって生じるエンジン全体を揺らす力）を打ち消すので、2気筒でも振動の少ないエンジンとすることができるのです。

前項で紹介したように、日本が誇るロータリーエンジンを実用化したマツダは発電専用エンジンとしてロータリーエンジンを復活させていますが、さらに以前リース販売まで行なった水素を燃料としたロータリーエンジンが再び登場する可能性も高まっています〈➡ p152〉。

✿ 振動を打ち消し合って、熱効率にも優れる対向ピストンエンジン

対向ピストンエンジンは、向かい合ったピストンが圧縮と膨張を同時に行なうので熱効率に優れるというメリットもある。吸排気のバルブの面積や燃焼室形状が高回転向きではないが、ディーゼルエンジンや発電専用エンジンとしては高い可能性を秘めている。下はドローンの発電用として開発されている無振動エンジン。

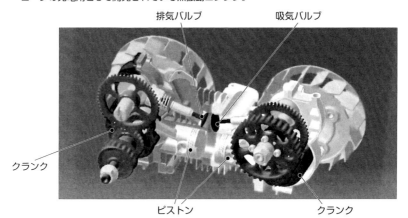

排気バルブ　　　　　　吸気バルブ

クランク

ピストン　　　　　　クランク

✿ OBRISTのタンデム2気筒エンジンと発電機のレイアウト

単気筒エンジンを横向きに組み合わせ、逆回転させることで振動を軽減する。発電機は右側にしかないが、開発中のシステムは左右対称で左側にも発電機を備えている。

発電機

> **POINT**
> ◎対向ピストンエンジンは向かい合うピストンが振動を打ち消し合うため、振動特性に優れている
> ◎クランクシャフトを2軸持つタンデム2気筒も、2気筒ながら振動が少ない

マイルドハイブリッドの電圧にも種類がある

6-8

マイルドハイブリッドは、文字通り軽自動車などの小さなクルマに採用されている印象ですが、最近は48Vのものが増えているようです。その理由はどんな点にあるのでしょうか？

■同じマイルドハイブリッドでも、使用している電圧に違いがある

マイルドハイブリッドとは、EVモードでの走行をしない、発進時や加速時にエンジンをアシストするだけの機構です。モーターの出力やバッテリーの容量が控えめになるので、搭載のためのコストが比較的少なく、エンジンの負荷を下げられることから日本では軽自動車やコンパクトカーを中心に採用されています。

現在マイルドハイブリッドと呼ばれるタイプは、スズキのSエネチャージ、日産のSハイブリッド（上図）、マツダのMハイブリッドのほか、輸入車ではドイツ車を中心に採用が増えています。しかし、同じマイルドハイブリッドでも、実はその内容には大きな違いがあります。それは主としてシステムで使用している電圧の違いです。SエネチャージやSハイブリッドは従来の12Vシステムを利用していますが、マツダのMハイブリッドは24Vと倍の電圧を採用しています。そしてドイツ車勢は48Vをハイブリッドシステムだけの電圧として利用しています。

■48Vマイルドハイブリッドが採用される理由

48Vマイルドハイブリッドを欧州のメガサプライヤーが提案し始めたのはかなり前のことでしたが、排ガス規制が厳しくなってようやく普及してきた印象があります。これは、もし人間が感電しても死に至らないとされる60V以下の電圧で、駆動力を得るために最適の電圧ということから提案されたもので、モーターなど大きな力を発生させるには、電圧が高い方が効率が高まるからです。

48Vマイルドハイブリッドシステムは、p132のP0レイアウトのほか、P2つまり変速機の前方に大きなモーターを置くレイアウトも用意されています。これは同じマイルドハイブリッドでも、よりボディが大きく重いモデルや、アシストの範囲を拡大した仕様などに採用されているケースが目立ちます（下図）。そしてプラグインハイブリッドとなっているモデルも存在します。

マツダは、今後発売するラージ群には48Vに電圧を高めたマイルドハイブリッドを採用すると明言しており、マイルドハイブリッドもより効果を追求して高電圧へとシフトしていく傾向にあります。ただしクルマの電装系全体の電圧を48Vに上げることについては、これまでの電装品が使えなくなってしまうので普及は難しいでしょう。

☀ 日産のSハイブリッドを備えたパワーユニット

ISG
(スターター機能
付き発電機)

クランクプーリー

12Vのまま発電機にモーター
機能を追加したP0タイプのマ
イルドハイブリッド。

☀ P2タイプのマイルドハイブリッド

欧州で普及が進む48Vマイルドハイブリッドは、P0タイプとP2タイプの2種類が存
在する。写真はP2タイプのマイルドハイブリッドで、モーターやバッテリーが大きく、
より強力なアシストを実現している。

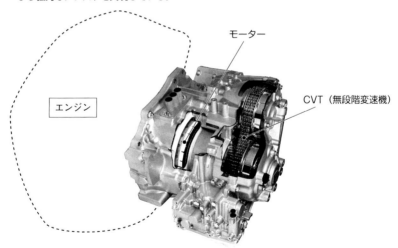

モーター

CVT（無段階変速機）

エンジン

POINT
◎マイルドハイブリッドは軽自動車やコンパクトカーに採用されている
◎48Vマイルドハイブリッドシステムは、ボディが大きいモデルや、アシス
トの範囲が拡大されたタイプなどに採用されている

6-9 プラグイン燃料電池車が最強のハイブリッド車?

プラグインハイブリッド車でも、エンジンが発電すればCO₂を排出します。EVでもレンジエクステンダーは同様です。結局、BEV以外に解決策はないのでしょうか?

■プラグイン燃料電池車なら、BEV同様CO$_2$は排出しない

　燃料電池車は環境に優しいクルマですが、**水素ステーションの拡充**が進まなければ実用性に乏しく、用途が限定されてしまいます。しかし、外部からバッテリーに充電できる**プラグインハイブリッド**とすることで、水素ステーションのエリアカバー率の低さを補うことができます。自宅で普通充電することでその日の移動分が賄えれば、ほとんど水素を使わないので2、3ヶ月に1度程度の充填で移動能力を維持することができるのです。さらに急速充電に対応していれば、出先で航続距離に不安が生じても経路充電〈➡p102〉によって移動を続けることができます。

　そんな理想的なパッケージを備えたクルマが、メルセデス・ベンツのGLC F-CELLというモデルです（上図、下図）。これはSUVのGLCをベースに、燃料電池とプラグインハイブリッドを組み合わせたもので、2019年に登場しました。しかし高価なことと、利便性のバランスが取れていないため販売には結び付かず、翌年には生産中止を発表しています。そして乗用車でのFCV普及は難しいと判断し、今後は大型トラックでの普及に力を入れる方針を示しましたが、乗用車でも今後また再登場するかもしれません。

　なぜなら欧州のストランティスグループのプジョーとシトロエンが、2021年6月に**プラグイン燃料電池車**を発表しているからです。航続距離は400kmと、トヨタMIRAIに比べれば少なめですが、プラグインで充電できることを考えればまずまずの実用性を確保しています。燃料電池の水素と、プラグインの電力はどちらもそれぞれ補給が必要であり、現時点ではガソリンほど手軽に（と言ってもガソリンスタンドも年々減少しており、過疎地では電気の方が手軽）充填することはできませんが、今後水素ステーションの拠点数は増やされるでしょう。政府は2030年には現在140ヶ所の7倍近い1000ヶ所を目標に掲げていますが、それはいささか無理な数字としても、2030年には今の3、4倍には増えているのではないでしょうか。

　トヨタMIRAIは、価格と性能、走りの質感や装備の充実ぶりを考えればFCVとしては良くできたクルマです。これでプラグインハイブリッドになれば、より素晴らしいと思うのは、筆者だけではないでしょう。

⚙ メルセデス・ベンツ GLC F−CELL のしくみ

フロントには燃料電池スタック（発電装置）を備え、車体の中心とリアタイヤ前方に高圧水素タンクを配し、リアにバッテリーとモーターを装備している。航続距離400kmとトヨタMIRAIより少ないが、プラグインハイブリッドで充電しながら使えるのが魅力。

⚙ メルセデス・ベンツ GLC F−CELL のパトカー仕様

メルセデス・ベンツ GLC F−CELLは、写真のようにパトカーなど官公庁関係にリース販売され利用されているが、一般には価格と利便性の問題から普及は難しいと判断され、現在は生産を終了している。

> **POINT**
> ◎燃料電池車の普及には水素ステーションの拡充が不可欠だが、外部からバッテリーに充電できるプラグイン燃料電池車であれば、水素ステーションのエリアカバー率の低さを補うことができる

COLUMN

6

利便性の高いエネルギー資源として
石油はどう利用されていくべきか

　気候変動の主原因とされている化石燃料を利用した産業は、その構造を変換していくことが求められています。しかし、石油を始めとした化石燃料を使うことをいきなり止めることはできないでしょう。

　私たちはこれまで石油をさまざまな形で利用してきました。それほど石油は便利でエネルギーの高い資源だったのです。

　とはいうものの、プラスチックゴミが海洋汚染で問題となっていることから、プラスチックの使用自体を減らしたり、生分解性のプラスチックにシフトしていくようになるのは自然な流れと言えるでしょう。

　ただ減らしていく必要があるといっても、石油はやはり燃料としてまだ当分使い続けることになるのではないでしょうか。

　排ガスからCO_2や硫黄酸化物を回収することでクリーンな火力発電所を実現することは可能です。石炭もガス化してから燃焼させることで粉塵の放出防止や熱効率の改善につながります。

　今も住民が戻ることができない福島の原発事故を振り返ると、再生可能エネルギーに加えて原子力発電所の稼働率を高めたり、新設したりするのは問題があります。

　核分裂ではなく、安全な核融合を利用した発電も研究が進んでいますが、理論通りにより大きなエネルギーを取り出せるかまだ実験段階であり、実用化には50年以上かかると見られています。

　枯渇するまで使い続ける必要はないとしても、持ち運びできる液体燃料としての石油の利便性は、世界中の電気が届かない地域に住む人たちには欠かせないものと言えます。

　化石燃料を敵視せず、上手に使うことでカーボンニュートラル実現の手助けにする。そんな柔軟な発想も必要ではないでしょうか。

第7章

燃料電池車の
技術革新

Innovation of fuel cell vehicles

燃料電池とは

7-1 燃料電池は、乾電池のような一次電池でも、充電可能な二次電池でもないと聞いたことがありますが、実際にはどのような電池なのでしょうか？

◢ 燃料電池は電気を作り出す装置

　鉛酸バッテリーも乾電池も電解液と極板の化学反応によって電気を作り出していますが、**乾電池は反応が終われば廃棄するだけの使い捨て**、**鉛酸バッテリーやリチウムイオンバッテリーは充電することで繰り返し使うことができます**。それに対して**燃料電池**は、電池とは呼ばれていますが、電気を作る原料となる燃料を補充することで、連続して電気を作り続けることができる**発電装置**です。つまり充電の必要はなく、燃料を継ぎ足しさえすれば使い続けられるのが、バッテリーとの違いです。

　燃料としては、現在までに純水素、ガソリン、アルコール、天然ガスなどが実用化されています。基本的にどれも水素のイオン化率の高さを利用し、空気中の酸素と反応させて水（H_2O）にすることにより電子を取り出しています（上図）。

　実は燃料電池の歴史は古く、19世紀初頭の英国で考え方はすでに誕生しており、19世紀半ばには実際の燃料電池の試作に成功しています。つまり19世紀の終わり頃、クルマが誕生する前に燃料電池は登場していたのです。

　しかし、そこから長い間、燃料電池は忘れられた存在となっていました。実際に実用的なレベルになるのは20世紀半ばになってからのことで、米国のGEが宇宙船の電力供給用に開発に成功すると、再び研究者の研究対象となって開発が進められるようになります。

　そして、1980年代後半にカナダのバラード・パワー・エンジニアリング（現バラード・パワー・システムズ）という企業が実用性の高い新しい固体高分子形燃料電池の開発に成功し、90年代になってGMやカナダの自治体と**FCV**（**燃料電池車**）の開発などを行ないます。

　日本でも燃料電池は発電所や車載用として研究が続けられてきました。車載用は当初、メタノールやガソリンを搭載して、それを改質して水素を取り出して燃料電池スタックに送り込むことで電気を作っていました。

　現在は**純水素**を700気圧もの高圧で圧縮して貯蔵することにより、長距離走行が可能なFCVが開発され、一般的に販売されるようにまでなりました（下図）。しかしまだまだ課題は、色々な要素として残っています。

⚙ 燃料電池の原理

水素が燃料電池セルに取り込まれると、負極の触媒によって電子が分離されて電流になる。残った水素イオンは電解質であるイオン交換膜の中を通って、正極側にある空気中の酸素と結合し、回路を通過した電子を受け取ることで水蒸気(H_2O＝水)になり排出される。

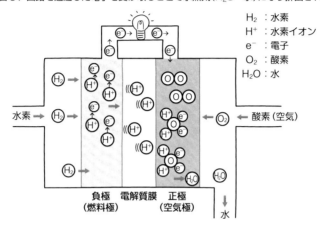

H_2 ：水素
H^+ ：水素イオン
e^- ：電子
O_2 ：酸素
H_2O：水

⚙ 燃料電池車の構造

燃料電池車は空気中の酸素をたくさん取り込むため、フロントグリルから入った空気を過給機で燃料電池スタックに圧送する。スタック内にはセルがいくつも積層され、それぞれのセルで発電することにより、大きな電流と電圧を作る。実際にはPCU内のインバーターによりさらに昇圧、交流電流に変換されてモーターへと送られる。トヨタの図を元に作成

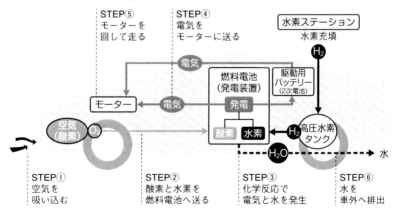

POINT
◎燃料電池は充電の必要はなく、燃料を補充すれば使い続けることができる発電装置
◎FCVは長距離走行が可能だが、課題も残されている

将来の実用化が期待される燃料電池技術

前項でみたように、現在は純水素を高圧で圧縮して貯蔵する方法がとられていますが、燃料電池を使いやすくするためにどんなことが考えられているのですか？

■水素以外を燃料に使う方法と新たな水素の運搬方法

現在の純水素を高圧で保存、輸送する方法は、効率と安全性を考えた場合、必ずしもベストとは言えないものです。海上運搬船では、極低温で冷却して液体水素として運んでいますが、それも決して効率的にはベストとは言えません。

そもそも水素は自然界に単体で存在し続けるものではなく、化合物から分解することでエネルギーとして使えるようになるもので、電気と同じく他のエネルギーの変換によって作り出される人工物なのです。そのため、現在大きく2つの方向で、燃料電池をより使いやすいものにする研究が進められています。それは燃料電池の燃料に水素以外を使うという方向と、水素の運搬方法を工夫するという方向です。

これまで燃料電池の燃料には、アルコールやガソリンを改質して水素を取り出す方法のほか、ダイハツがヒドラジン（アンモニアに近い物質）を利用した燃料電池の研究を1970年代から行なってきました。この2000年代の車上改質型燃料電池の時代にも、ダイハツは独自にヒドラジンを燃料とした燃料電池車のコンセプトカーを発表しています（上図）。そのメリットは、ヒドラジンの液体を直接燃料として利用できることです。しかしヒドラジンには毒性もあり、独自の燃料では供給インフラの確立も難しいことから、近年は目立った活動をしていません。

その一方で、国家プロジェクトとしては現在アンモニアを利用した燃料電池の開発が進められています。これはアンモニアから水素を取り出して発電する方法を超えて、アンモニアから直接発電する方法、さらにはアンモニアを燃焼させて熱エネルギーを得る方法なども研究されています。

水素をより安全に低コストで運ぶ方法を確立することも、水素社会の実現のために必要な要素の1つと言えます。これを水素キャリアと呼びますが、水素を貯蔵して運ぶ方法にも種類があります。圧縮したり冷却することで密度を高める方法が一般的ですが、水素を溜め込む金属を利用する方法もあります。水素吸蔵合金は、その名の通りスポンジ状の構造で水素を内部に溜め込むことができる性質を持っています（下図）。ニッケル水素電池の電極にも利用されていますが、この金属をボンベの中に詰めることで、水素をより効率良く詰め込むことができるのです。

☼ ダイハツのヒドラジンを使った液体燃料電池

ダイハツは2009年の東京モーターショーに、ヒドラジンを使った液体燃料電池のコンセプトモデルを展示した。基本的なしくみは燃料電池車と変わらないが、特徴的なのはヒドラジンから改質して水素を取り出すのではなく、ヒドラジンを燃料電池に直接供給して発電させることが可能で、運搬や貯蔵も安定した状態にできること。

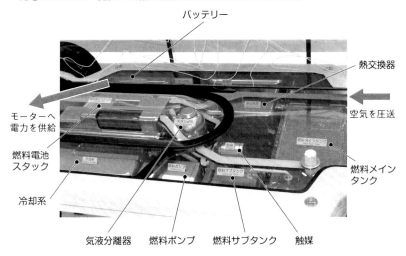

☼ 水素吸蔵合金のしくみ

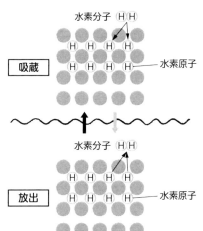

水素吸蔵合金は、圧縮水素や液体水素よりも多くの水素を貯蔵することができるスポンジのような金属。原理は、金属分子の間に水素を取り込むと発熱し、冷めた状態から加熱すると水素を放出する。実際の水素吸蔵合金は、大きな砂粒のような形状でボンベの中に詰めて使われる。小規模な水素利用や、固定施設では非常に魅力的な運搬・貯蔵手段だが、クルマに搭載するとなると高圧タンクよりかなり重くなってしまうのと、コスト高が障害となる。

POINT
◎燃料電池の燃料として、水素以外を使う方法も研究されている
◎水素を運ぶ手段として、圧縮、冷却して密度を高める方法のほか、水素を他の分子と結合させたり水素吸蔵合金を使う方法がある

燃料電池の水素燃料を充填する環境

7-3

水素ステーションの数が少ないことはしばしば問題になりますが、その理由は何ですか？ また、水素ステーションにはどのような種類があるのでしょうか？

◢水素ステーションの数が増えない理由

水素ステーションの拠点数がなかなか増えないのは、ガソリンスタンドに比べて安全対策の基準が厳しいためと、建設費用が大幅に高いこと、それに対して採算が取れるかがネックとなっているからです。

これらの理由で水素ステーションはなかなか増えず、利便性が高まらないためFCVの購入には補助金がたくさん支給されるにも関わらず、ドライバーは購入できないという悪循環（?）に陥っています。卵が先か鶏が先かという議論は、どんな業界でも新しいものを普及させる際に課題となりますが、FCVも例外ではありません。

◢水素ステーションにはオンサイトとオフサイトの2種類がある

水素ステーションには大きく分けて2種類のタイプが存在します。1つは**オンサイト**と呼ばれるもので、その場で水素を生成し、圧縮して充填する機能を備えたフルスペックの水素ステーションです（上図）。もう1つは**オフサイト**で、別の場所で水素を作り出し、水素ステーションでは貯蔵している水素を圧縮して車両に充填するだけの機能を備えています。

オフサイトの水素ステーションの中には、移動型と言って荷台に水素タンクと充填設備を備えた車両を使って移動することで、固定型の水素ステーションではカバーし切れない地域での水素充填を可能にする方法もあります（下図）。こうした移動型を曜日を決めて共有しているところもあり、そういう意味ではまだまだ日本の**水素インフラ**は不十分で、これから急ピッチで全国に建設していかなければなりません。

そもそも供給する水素にしても、水から電気分解して作れるものではありますが、現在は天然ガスから取り出しており、その生成時にはCO_2をたくさん排出しています。今はまだ供給量が少ない（年間1万t程度）ので、工場で発生する副生水素に比べても1割未満に過ぎず、環境への影響も限られていますが、これが10倍、100倍となったら**水素社会**の本格普及にとって大きな問題となってしまいます。水素生成は、**再生可能エネルギー**による発電とセットで考えなければ、クリーンエネルギーとしての確立は不可能なのです。

⚙ 下水利用のオンサイトの例

下水処理場ではメタンガスが大量に発生するが、その3割は未利用のままが現状。そこでメタンガスから水素を取り出す下水利用のオンサイト水素ステーションの実証実験が行なわれている。図は三菱化工機が国土交通省が実施する「下水道革新的技術実証事業（B-DASHプロジェクト）」で行なった実証実験をベースに、さらに発展性を加えた近未来の下水利用水素エネルギー供給システム。水素はこういう形で利用できれば、脱炭素社会に貢献することができる。　出典：三菱化工機

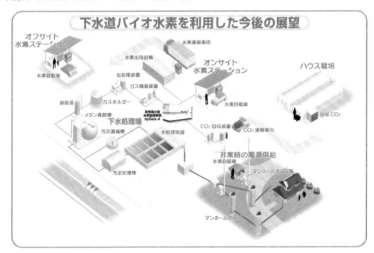

⚙ 移動型オフサイトの例

移動型オフサイトは、水素スタンドの設備をパッケージにして、トラックの荷台に載せたもの。固定型の半分ほどの予算で構築できる上に、数箇所の拠点を回って水素を供給できるのが利点。内部はほとんどが高圧タンクで、水素を通さない耐性のある合金で複雑に配管が張り巡らされている。

> **POINT**
> ◎安全対策の基準や建設費用の問題から、水素ステーションの数はなかなか増やすことができない
> ◎水素ステーションにはオンサイトとオフサイトの2つのタイプがある

7-4 商用車にこそ燃料電池が向いている

最近、燃料電池を使ったバス（FCバス）が路線バスとして運行されているという話をよく聞きますが、この組み合わせは相性がいいのですか？　また、その理由は何でしょうか？

■商用車では、FCVがEVのデメリットを解消する

　これまでFCVは乗用車での展開が行なわれてきました。トヨタもホンダもメルセデス・ベンツやヒュンダイも乗用車でFCVを実現することにより、多くのドライバーが利用できる水素社会を目指していたのです。

　しかし、乗用車は幅広い使われ方をされるクルマなので、どうしても**水素ステーション**の少なさからくる利便性の低さがネックになってしまいます。

　ところが、視点を変えて商用車での燃料電池利用を考えると、乗用車とは異なる使用環境から生まれるメリットがデメリットをカバーすることにつながるため、最近は商用車での燃料電池利用が進められています。

　EVのデメリットは、馬力のあるモーターを搭載し航続距離を増やそうとすると、バッテリーもたくさん積まなければならず、車両価格と重量が増えてしまう傾向にあることです。トラックの場合、タイヤの軸重※で制限されているため、車体が重くなるとその分積み荷が積めなくなってしまうというジレンマに陥ります。さらに、大量の電池を搭載するということは充電時にもある程度の充電時間を必要とするので、クルマの稼働率が低下してしまいます。

　ところがFCVとなれば、これまで挙げたデメリットを解消することができます。ガソリンや軽油ほどではありませんが、**高圧水素**のエネルギー密度は**リチウムイオンバッテリー**に比べても5倍以上はあり、充填のスピードも軽油並みです。

　特に大型トラックは、工場から倉庫へと製品を運ぶ定期便などが多く、走行ルートもある程度限られることから、水素ステーションを接地する場所を絞り込むことが可能です（上図）。バスに関しても路線バスや高速バスは停留所やルートが決まっていることから、何台ものバスが集合する部分に小さな**オフサイト型**の水素ステーション（と言っても現在の法規制では、そもそも広い敷地が必要）を設置すれば、運用が可能になります。

　東京の江東区周辺では、すでに**燃料電池（FC）バス**が路線バスとして活躍し、自動運転車が試験走行するお台場周辺では近未来のモビリティをイメージさせるような風景に出会えることも増えています（下図）。

※　軸重：それぞれの車軸にかかる荷重のこと。保安基準では、最大積車状態での軸重の最大値が規定されている

✿ トヨタ、日野、いすゞの燃料電池(FC)トラック実証実験

トヨタ、日野、いすゞのFCトラック実証実験が、福島の復興をも後押しする新たな取り組みを発表している。福島水素エネルギー研究フィールド(FH2R)で造られた水素を活用し、FCトラックを地域のスーパーやコンビニの配送用として利用するもので、キッチンカーやドクターカーなどもFCVとすることが計画されている。　出典:トヨタ

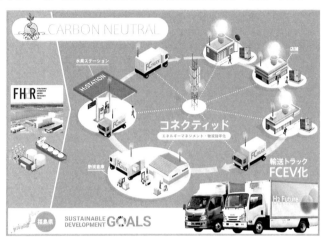

✿ トヨタと日野が共同開発したFCバス

トヨタSORAは、MIRAIと同じく純水素燃料電池を搭載したFCバス。屋根の上に高圧ボンベと燃料電池スタック(MIRAI用を2基)を搭載し、リアのモーター(レクサスRX用を2基)で後輪を駆動して走行する。バッテリーはクラウン・ハイブリッド用を4台分組み合わせて搭載している。SORAは、すでに色々なところで利用されている。

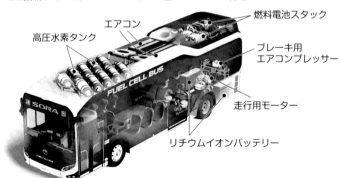

POINT
◎乗用車では、水素ステーションの少なさが普及のネックになる
◎大型トラックやバスは定期便が多く、走行ルートが限定されるため、水素ステーションを効率的に設置できる

水素エンジンとの共存

トヨタの水素エンジンによる耐久レース参戦には驚きましたが、FCV開発の影響があるのですか？　また、水素エンジンのメリットはどんなところにあるのでしょうか？

■FCVの登場により、水素エンジンの開発が活発化してきた

　水素は酸素と結合して電気を発生することができますが、同じ酸素との結合でも燃焼させて熱エネルギーを得ることもできます。試験管の中に水素を発生させ、火を近付けてポンッと燃焼させる実験は、誰もが経験しているでしょう。

　自動車メーカーは、この水素を燃焼させることで動力を得る**水素エンジン**の研究を行なっています。発想はかなり以前からあったのでしょうが、自動車メーカーが水素エンジンの研究を本格的に開始したのは1990年代頃からのことです。

　ドイツのBMWや日本のマツダは、大学などの研究機関と共同で水素エンジンの研究を続け、どちらも少数ですが企業にリース販売するところまで実現しています。しかし2000年あたりまでのエンジン技術ではさまざまな課題を解決できず、また水素の供給インフラもほとんど存在しない時代だったため、しばらく姿を消してしまいました。マツダは水素を燃料に**ロータリーエンジン**で発電し、モーターで走行する水素エンジンのシリーズハイブリッドまで実現していました（上図）。

　そして2021年、水素エンジンは思わぬ形で再び姿を現します。トヨタが既存のガソリンエンジンをベースに水素燃料に対応したエンジンを開発し、耐久レースに出場させたのです（下図）。ガソリンに比べエネルギー密度が低いので、レーススピードで走行させると燃費は悪く、何度もピットインして水素を充填する必要がありましたが、十分にパワフルで耐久性もあることは立証されました。

　マツダも中期技術計画で、再び水素燃料によるエンジン開発に着手することを明らかにしています。つまり、**水素ロータリー**が復活する可能性は濃厚です。

　水素エンジンは理論上、排気ガスには水蒸気しか含まれず（現実にはわずかずつエンジンオイルが燃えるのと、窒素酸化物も発生する可能性あり）、**燃料電池**と変わらぬクリーンさと、他の燃料でも運転できる汎用性も備えています。

　燃料電池の方が、エネルギーとしての変換効率は高いのですが、エンジンには発電にも走行にも使えるという柔軟性もあり、生産コストやリサイクル性など燃料電池スタックよりも優位な部分も存在します。FCVの登場により、水素供給インフラが立ち上がったことで、水素エンジンも現実的な選択肢となってきたのです。

✿ マツダの水素ロータリーハイブリッド車

マツダは90年代より水素ロータリーエンジンの研究開発を続けている。初期は走行用としてロータリーエンジンで水素燃料を燃やしていたが、後に水素ロータリーを発電専用のシリーズハイブリッドとしても開発、BMWと並んで水素エンジン車のリース販売まで手掛けた実績がある。

✿ トヨタの水素エンジン

トヨタの水素エンジンは、GRヤリスの直列3気筒ターボエンジンの燃料系を水素用に改良したもので、カローラスポーツにMIRAIの高圧タンクと組み合わせて搭載された。今後もさまざまな形で水素エンジンの可能性が探られる計画。

POINT
◎水素エンジンは水素を燃焼させて動力を生み出す
◎水素エンジンは、理論的には排気ガスに水蒸気しか含まず、他の燃料でも使える汎用性を備えている

今注目されている水素は
本当に使えるエネルギーなのか

　トヨタがMIRAIをフルモデルチェンジして、FCV（燃料電池車）としての能力だけでなく、高級車としての上質な乗り味まで獲得したことは、非常に高い評価を受けています。

　また水素エンジンという古くて新しい技術の掘り起こしなど、水素社会の到来を予感させる動きが自動車産業界に見られます。

　クルマを使っているユーザーの中には、水素が本当に使えるエネルギーとなるのか、疑問に思っている方もいることでしょう。

　水素と酸素を反応させる燃料電池スタックの寿命という問題もあり、誰もが手軽に使えるものになるまでには、まだまだ相当な時間がかかりそうなことは事実です。

　現在は手厚く補助金が支給されるため、使用用途が合致したり水素ステーションの拠点が近いユーザーだけが、FCVを利用できる状況です。政府はハイブリッド車もエコカー減税などの後押しで普及させましたが、FCVは利便性の問題から、まだまだ一般に普及する状況とは言えないのです。

　また、現在でも水素は採算が取れる価格ではありません。再生可能エネルギーで作られるグリーン電力で水を電気分解して作られる水素が、十分に低コストになるまでには、まだまだ相当な時間が必要でしょう。

　勘違いしてはいけないのは、水素は無尽蔵に存在しますが、それはエネルギー源ではないということです。

　水を含めた色々な化合物に水素は含まれていますが、水素として使えるように取り出し、水素ステーションに運んで充填するまでには、水素が持つエネルギー以上にエネルギーを消費してしまうのが現実です。ソーラーパネルや風力、潮力などの発電コストが今よりも大きく下がれば、本格的な実用化の目処が立ってくることでしょう。

第8章

電気自動車における
今後の開発課題

Future development issues
in electric vehicles

電気自動車にトランスミッションは必要か

モーターは低回転から力があり、高回転まで回るので変速機が付いていませんが、これから先高性能化や高効率を求めると、電気自動車も変速機を搭載するようになるのでしょうか？

■今はまだ少数だが、変速機を備えるEVも存在する。今後は増加する見込み

エンジンは、一定時間に燃焼回数が多い方が出力が高まります。しかし発進時に高い回転数で走り出すのは、飛び出してしまったり、駆動系の負担が大きくなったりして危険です。したがって発進時にはエンジンの回転数を抑えながら、駆動力を高めるために低いギア（高い減速比）を使う必要があります。そして巡航時には、慣性力が働くためスピードが出ていてもエンジン回転数を落とすことができ、高いギア（低い減速比）を選べば静かで燃費の良い走行ができます。

しかしモーターでは、そんなエンジン車の常識は必要ありません。静止状態から強い力を発揮するためギアを低くする必要も少なく、高速走行していても慣性力で巡航しているときには、電力をそれほど使わなくて済むからです〈➡ p66〉。また後退する際には、モーターは逆回転できるのでリバースギアも不要です。ただし、大きなモーターを搭載すると、その調達コストや車重の増大につながってしまうため、高速走行に十分な性能を確保しながら小型のモーターに減速機を組み合わせる方法をとっています。

そのため、EVやシリーズハイブリッド車には変速機が備わっていません。変速機はエンジンよりも緻密なものもあり、非常に高度な機械ですから、この変速機が要らないのは軽量化とコストダウンにつながります。では、この先はどうなるでしょうか。実はモーターも変速機を組み合わせることで、さらに効率を高められる可能性があります。一度歯車を介することで生じる損失は2%と言われていますが、それを上回る効率が得られるのであれば変速機を搭載するメリットがあるわけです。

モーターで走行するパワーユニットの中で、変速機を備えている市販車は少ないのですが存在はしています。1つはトヨタがクラウンやレクサスのFRモデルに採用しているハイブリッド車の縦型THSです（上図）。これはモーターを小型化するために減速機を採用していますが、発進時と巡航時では回転数が大きく異なることから、モーターの回転数を調整するために2段の変速機構が備わっています。もう1つはポルシェのEV4ドアGT、タイカンです（下図）。こちらもリアモーターユニットに2速の変速機が組み込まれています。

✿ トヨタがアイシンと開発した縦型THS、ハイブリッドトランスミッション

しくみとしてはプリウスのTHSと同じくMG1が変速機とスターター兼発電機となり、MG2は走行用モーターで回生エネルギーによって発電も行なう〈➡ p126〉。MG2には多板クラッチで切り替える低速用と高速用のギアが組み合わせられている。

✿ ポルシェ タイカンのリアモーターユニット

遊星ギア機構を利用した2段変速機構が組み込まれている。高性能を誇るEVスポーツカーのカテゴリーでも、まだ変速機を搭載するのは少数派。

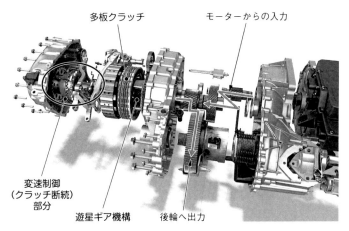

POINT

◎EVやシリーズハイブリッド車に変速機は備わっていないが、搭載するメリットは考えられる
◎トヨタの縦型THSには、2段の変速機構が備わっている

8-2 EVのパワーユニットはこれからどうなっていくか

将来のEVに変速機が搭載されるとすれば、それはどういった構造のものになるのでしょうか？　AT車に搭載されているような多段ATが主流になりますか？

■多段化やCVTは効率低下、2速の遊星ギア式やAMT、DCTか

　モーターはエネルギー効率に優れた原動機ですが、バッテリーやインバーターなどにも充放電時のロスがあるので、電力を使わないようにするだけでロスの低減につながります。これからは、**変速機**によってモーターの効率をより高めることも考えられていくでしょう。

　クルマの変速機にはさまざまな種類があります。最もオーソドックスなのは、平行歯車機構を組み合わせた**MT（マニュアルトランスミッション）**です。シンプルなメカニズムで損失も少ないのが特徴です。変速操作を自動化した**AMT（自動変速マニュアルトランスミッション）**でも変速時には一度駆動力を断続する必要があるため、変速をスムーズに行なうことは難しいですが、2速なら変速機会は少ないので問題はないでしょう。一般的なATである遊星歯車機構とトルクコンバーターを組み合わせたATは、滑らかな変速と省燃費を実現する多段化が特徴です（上図）。しかし変速にはいくつもの油圧クラッチを切り替える必要があり、モーターで走行する場合には必要ない複雑な機構が盛り込まれているので、あまり向いているとはいえないでしょう。また日本のコンパクトカーに多い**CVT（無段変速機）**は、プーリーと金属ベルトで駆動力の伝達と変速を行なう、シンプルで変速の幅も広い変速機ですが、摩擦によって駆動力を伝えるためロスも大きく、モーターと組み合わせるメリットは少ないでしょう。

　このように消去法で考えると、3、4速の変速機を採用するなら**DCT（デュアルクラッチトランスミッション）**が現実的でしょうか（下図）。これはMTの構造をベースに奇数のギアと偶数のギアで伝達軸を分割し、それぞれにクラッチを設けることで変速時にはクラッチの切り替えによりスムーズで素早い変速を実現する変速機です。難点は発進時のスムーズさに問題が出やすいことですが、モーターが静止状態から発進できるEVやシリーズハイブリッドでは、クラッチを発進時に調整する必要がないのでこの問題をクリアできます。現在、前項で紹介した2段変速のトヨタTHS（縦型）やポルシェ タイカンに採用されていますが、今後モーター駆動に適した全く新しい変速機が開発されるかもしれません。

ダイムラーの多段AT

現在の遊星ギア式ATは、ギアを複雑に組み合わせた多段化によって、スムーズな発進と高効率な巡航を可能にして高級車に採用されている。しかしながら、たくさんのクラッチを切り替える複雑な機構はEVには必要ないと思われる。

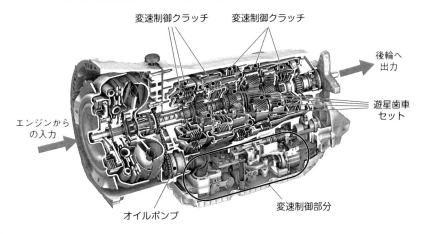

変速制御クラッチ　　変速制御クラッチ

後輪へ
出力

遊星歯車
セット

エンジンから
の入力

変速制御部分

オイルポンプ

VWのDCT

DCTはMTをベースに変速を自動化するだけでなく、奇数と偶数のギアで伝達軸を分けることにより、それぞれのクラッチを断続させることで入力を切り替えて変速をスムーズに行なう。

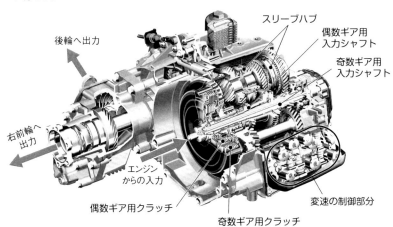

後輪へ出力

スリーブハブ

偶数ギア用
入力シャフト

奇数ギア用
入力シャフト

右前輪へ
出力

エンジン
からの入力

変速の制御部分

偶数ギア用クラッチ

奇数ギア用クラッチ

POINT

◎EV用の変速機として、多段化やCVTは効率という面から考えて適しているとは言えない

◎モーター駆動用変速機としてはAMT、DCT、2速の遊星ギア式が現実的

バッテリー関連で取り組むべき課題

EVの生産台数が今後急激に増加することが見込まれています。そうなるとバッテリーの生産供給体制が問題となりそうですが、その場合の課題は何でしょうか？

■次世代電池の開発、原料確保、シリーズハイブリッドやFCVとの共存

EVやプラグインハイブリッド車に搭載されるバッテリーは、比較的高エネルギー密度で充放電特性にも優れた**リチウムイオンバッテリー**が搭載されています〈➡ p90〉。EVの生産台数が上昇している現在、最近はより安価で安全な**リン酸鉄リチウム（LFP）バッテリー**を利用しようとする動きが広がっています。従来は性能面で劣っていたLFPも、改良によりエネルギー密度を高められてきたからです。

これは中国のバッテリーメーカーの生産比率で見ても、**NMC系**（ニッケル・マンガン・コバルト）や**マンガン酸リチウム（LMO）**といった従来より車載用として使われていたリチウムイオンバッテリーと比べて、生産比率が増えていることから明らかな傾向です。

日本のバッテリーメーカーの製品は、品質では世界トップクラスを誇りますが、コスト競争力ではやはり中国や韓国の電池メーカーに優位性があります。大容量のバッテリーを搭載したEVを大量生産する場合、品質面も重要ですがコストも無視できない重要な要素です。EVやプラグインハイブリッド車は、従来のエンジン車に比べ、性能と価格を直接比較しやすいカテゴリーのため、市場での競争は激しくなっていくでしょう（上図、下図）。

そして**次世代電池**の開発分野では、世界中の電池メーカーや研究機関が凌ぎを削っている状態です。リチウムイオンバッテリーは日本が実用化した技術ですが、**全固体電池**〈➡ p94〉や**金属空気電池**〈➡ p100〉などの次世代電池は、どこの国がリードを奪うかまだわからない状況です。

現在、自動車市場としてバッテリーの生産能力を増強している電池メーカーが多いのですが、そうなってくると、原料の確保も大きな課題となってきます。そもそもリチウムの埋蔵量は、現在のエンジン車をすべてEVに置き換えるほどの量はないと言われており、全固体電池が普及したとしても乗用車全てをEVにするのは現実的ではありません。

バッテリーの搭載量を抑え、なおかつ電力供給の問題を解決するためにも**ハイブリッド**や**FCV**を併用することが低炭素社会を実現することにつながるのです。

⚙ 日産リーフe+のバッテリーユニット

リーフはラミネート型のNMCバッテリーを搭載している。バッテリーモジュールを大型化することで、セルの容積を増やし、ユニット全体の大きさを変えずに大容量化を果たしている。

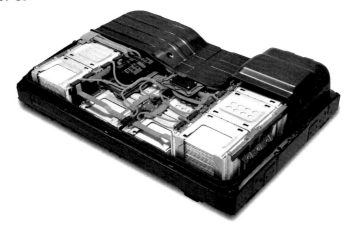

⚙ パナソニックのバッテリーセル

パナソニックが電動車用に供給しているのは、この3種類のバッテリーセル。円筒型はテスラが採用し、角型はホンダやマツダなどが採用している。

> **POINT**
> ◎EVの需要が伸びてくると、バッテリーの原料確保が重要になる
> ◎バッテリー搭載量の抑制、電力供給の問題解決のためにも、ハイブリッドやFCVの併用がポイントになる

モーター関連で取り組むべき課題

8-4

モーターはエンジンに比べて効率が良いということは理解していますが、すでに完成の域にあるのですか？　今後モーターの改良によりEVの性能を向上させる余地はあるのでしょうか？

■現時点でも高効率だが、進化の可能性もある

　現時点でもモーターのエネルギー効率は90％以上と言われています。しかしそれでも、クルマのパワーユニットとして考えたとき、まだまだ改善すべき点がないわけではありません。

　その1つが**回転特性**です。モーターはコイルの巻き方やローターの大きさ、形状などにより高トルク型や高回転型といった特性に分けられます。つまり低回転から高トルクで高回転まで回るモーターを作るのはまだ難しいのです。

　クルマに使われているモーターは、ほぼ全てが**ラジアルモーター**と呼ばれる構造です。これは出力軸を中心にその周囲を**ローター**、そして外周を**ステーター**が囲んだ放射状に重なっている構造で、一般的なモーターの構造です（上図）。

　一方、中心に出力軸があるのは同様ながら、円板状のローターとステーターがサンドイッチするように重なる**アキシャルモーター**という構造のモーターもあります（上図、下図）。これは磁気の回路が3次元になることで磁力線をより有効に使えることから、同じ容量のラジアルモーターに比べ、1.5倍のトルクを発生させることが可能になると言われています。つまり、同じトルクを発生させるなら小さくできるため、高回転化も可能になるのです。

　ラジアルモーターの特徴は、さまざまな特性のモーターを設計しやすいという点と、生産しやすさが挙げられます。ローターもステーターも鋼板を重ね合わせて作られており、ローターには特定の方向に磁力を発揮しやすい磁性鋼板が使われています。アキシャルモーターは形状を薄くできるため、インホイールモーター用として自動車メーカーや部品メーカーが研究を続けてきましたが、部品の構造が立体的で、鋼板を重ねるラジアルモーターのように量産することがまだ難しいようです。

　ラジアルモーターでは、コイルの回路を切り替えることでモーターの特性を変えるしくみも考案されていますが、アキシャルモーターでもローターとステーターの隙間を調整することで、高トルク型と高回転型を切り替えられるような可変技術も登場しています。またレアアースの使用量を抑える技術も、研究が続けられています。モーターもまだまだ進化する余地があるのです。

⚙ 一般的なモーターであるラジアルモーターとアキシャルモーターのしくみ

アキシャルモーターは円板状のローターとステーターを重ね合わせることで磁界を発生させる。ローターをステーターが挟み込む構造もあれば、ステーターを両側からローターが挟む構造もある。　日産の図を一部改変

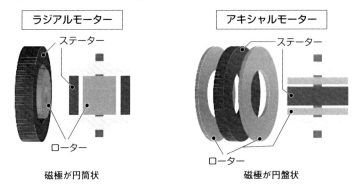

ラジアルモーター	アキシャルモーター

ステーター
ローター

磁極が円筒状　　　　　　　　磁極が円盤状

⚙ 日本ピストンリングが開発中のアキシャルモーター

コイルではなく粉体合金で作った鉄芯コア（電磁石）を採用し、ローターとステーターで互い違いの溝を作り、一定の隙間を作って回転させる。隙間を調整することでモーターの特性を変化させられるという特徴がある。

ステーター　　　　　　　　　　ローター

> **POINT**
> ◎設計しやすく、生産しやすいラジアルモーターは、ほぼ全ての電動車に使われている
> ◎回転特性の改善やレアアース使用量の抑制などが今後のモーターの課題

車体の効率化で航続距離を延長する

EVやプラグインハイブリッド車の航続距離を伸ばすためには、バッテリーの高性能化やコストダウンが重要なことはわかりますが、その他の方法はないのでしょうか？

■軽量化や空気抵抗などの改善により航続距離を伸ばすことも可能

EVやプラグインハイブリッド車は、エンジン車に比べて車両重量が重い傾向にあります。モーターと減速機だけであれば、エンジンと変速機の組み合わせより軽量ですが、PCUまで含めるとそれほど重量が変わらなくなってしまうのです。さらに、ガソリン車であれば燃料を満タンにしても50kg程度で済むのですが、EVとなるとバッテリーだけで200〜300kgはあるので、どうしても重くなってしまうのです。

重いバッテリーは前後輪の間に敷き詰めているので低重心となり、走行中の安定感は高まりますが、加速時には車重の分だけエネルギーを消耗します。バッテリーを軽くするためには容量を減らすしかなく、そうすると航続距離が縮まってしまうため、他の部分を効率化することにより航続距離を伸ばす技術が求められます。

またバッテリーや充電技術を高性能にすることは、大電流の利用や高電圧化を進めることになり、車両トラブルの際に大きなダメージになる可能性も高まります。さらに急速充電で多くのクルマが一気に大電流を消費することになれば、周辺の建物への電力供給が不安定になる可能性も高まります。そのため車体で効率を向上させることは、これまで以上に重要な要素となるのです（上図、下図）。

とはいえ、現在の先進国では車両の保安基準の国際標準化が進められており、衝突安全基準なども厳しく定められているため、無闇に軽量化はできません。必要な剛性や強度を確保して軽量化するには、形状の最適化と素材の選定が大事です。素材は安価で強度のある鋼板ではなく高張力鋼板や、さらに軽量で強度のあるCFRP（炭素繊維強化プラスチック）、アルミ合金の利用も進むでしょう。

また日本ならではの技術として、今後はCNF（セルロースナノファイバー）を利用することも進められるでしょう。これは木材の繊維を抽出して樹脂で固めることにより、軽くて強いボディパネルやモノコックを実現できる技術です。

そのほか設計技術による構造の最適化も、今後軽量化を進めていく上で一層重要になってくるでしょう。現在はパワートレインやバッテリーのレイアウトの都合上、重心やロールセンター（車体が傾く際に支点となる位置）が最適ではない電動車も見受けられますが、軽量化とともにこうした問題点もより洗練されていくでしょう。

⚙ ポルシェ タイカンのボディ下部を流れる空気のイメージ

空気抵抗の軽減は、高速走行時の走行抵抗の低減に大きく貢献する。速度が上昇するほど空気抵抗は増え、時速100kmでは全抵抗の7割以上が空気抵抗となってしまう。自動車メーカーはボディ上面の空気の流れだけでなく、むしろボディ下面の整流を重視している。

⚙ 炭素繊維によるフレームの軽量化

車体の軽量化は、骨格部分から追求することも可能。写真は名古屋大学ナショナルコンポジットセンターがロータス・エリーゼのシャーシをベースにセンターのフレーム部分をCFRTP(炭素繊維強化熱可塑性樹脂)で試作したもの。ベースとなっているエリーゼもアルミ合金製で十分軽量だが、炭素繊維を用いることでフレーム重量は半減できることが証明されている。

> **POINT**
> ◎これからは、車体の効率化を図ることがより重要になる
> ◎剛性や強度を確保しつつ軽量化するためには、形状の最適化と素材の選定のほか、設計技術による構造の最適化も必要になる

EVやプラグインハイブリッド車の充電環境の整備

8-6

EVを購入したいと思っているのですが、自宅で充電することはできません。急速充電器の充電スタンドはあまり増えていないような気がするのですが、どうしてなのでしょうか？

■現在減少中の充電スタンドだが、今後は増加の見込み

現在、日本では**充電スタンド**の拠点数が減少傾向にあることをご存知でしょうか。昨年まで拡大傾向にあった充電スタンドの拠点数が、一転して減少しているのです。その原因は設備の老朽化です。10年ほど前に補助金を利用して充電スタンドを設置した拠点が多いのですが、利用するユーザーが少なく、故障などにより利用できなくなっても修理費用を費やす価値がないということで、そのまま閉鎖されているケースが目立ちます。10年前には、これからEVの時代が到来するという気運の高まりと、補助金が利用できるということで充電スタンドを設置したものの、ほとんど利用されずに老朽化してしまった設備を撤去することになった、というのがその理由として多いようです。

現時点でも急速充電器は7800ヶ所以上設置されていますが、複数台設置されているのは500ヶ所程度に過ぎず、充電待ちの状態になることも珍しくありません。政府は自動車業界にクルマの電動化を進めるよう圧力（忖度と見ることもできる）をかけているのですから、充電スタンドの拡充にも自治体と連携して公共投資を行なっていくべきでしょう。日本製の**急速充電器**はさまざまなサイズや能力の製品が揃って、今は立地条件や利用環境に合わせて最適な充電器を選ぶことが可能になっています。

これまでのビッグデータから充電スタンドの需要を分析（現在、新たに需要が生まれている可能性もある）して、適切な場所に必要な数の充電スタンドを設置することもできるはずです（上図）。

日本においての充電環境の問題は、マンションなどの集合住宅の駐車場を利用しているユーザーには、自宅駐車場での充電が難しいことにあります。海外では集合住宅の駐車場でも普通充電器を配置しているところもありますが（下図）、日本ではマンション理事会で承認してもらうためのハードルが高く、なかなか普及し難いのが現状です。そのため、まずは急速充電器を増やすことがEVのユーザーを増やす手段として重要なのです。

そして充電環境を充実させるためには、電力供給の内容や総発電量、送電網の強化といった**電力インフラ**の見直しも必要でしょう。

⚙ 急速充電スタンドの例

三菱ふそうの本社工場に隣接された、3基の急速充電器が設置された充電スタンド。高速道路のSAなどの充電スタンドは複数設置されているところが増えてきたが、まだまだ利用者の増加には追い付いていないのが実情。電動化を推し進めるのであれば、まずユーザーが使いやすい環境作りを整備することが大事なのではないか。

⚙ ノルウェーのEV専用駐車場

水力発電の能力が高いノルウェーでは、EVの優遇措置が充実しており、販売比率も急激に増えている。充電環境も充実しているからこそ、ユーザーも安心して利用することができる。　写真：markobe-stock.adobe.com

POINT
◎日本では、集合住宅の駐車場を利用しているユーザーは充電が難しい
◎EVのユーザーを増やすためには、急速充電器を増やすことが重要
◎充電環境をより充実させるためには、電力インフラの見直しも必要

水素インフラを普及させるための積極的な取り組み

FCVはクリーンなクルマ、究極のエコカーとも言われていますが、今後の課題は何ですか？ また、水素ステーションを増やすためには、どんな対策が必要なのでしょうか？

■ 純水素の供給インフラ整備には行政の積極的な取り組みが必要

FCV（燃料電池車）は、それ自体の発電効率が50～60％とエンジン車より高く、走行中は水（H_2O）しか排出しない、クリーンなクルマです。しかし水素を作り出す時点から考えれば、まだまだ改善の余地が大きいと言わざるをえません。

製鉄所など、稼働時に水素が発生する工場はたくさんあり、その**副生水素**※の量は年間13万tにも達すると言われています。それでも、すでにそうした副生水素は、発電などにほとんどが利用されており、中にはFC（燃料電池）フォークリフトなどに使われているところもあります（上図）。

一方、現在FCVが供給を受ける水素は、**CNG（圧縮天然ガス）**から改質されて取り出されたもので、日本での利用量は年間1万tと言われています。天然ガスの9割はメタンガスで、炭素原子1つに4つの水素原子がつながっている構造ですから、すべての水素を取り出して、炭素がCO_2（二酸化炭素）になったとすると、7万tのCO_2が排出されている計算になります。

水素は水を電気分解することで作り出すこともできますが、それにはエネルギーが必要で、水素を作るために火力発電所の電力（＝CO_2の排出を伴う）を利用していては、本末転倒となってしまいます。天然ガスから水素を取り出すのであれば、CO_2を回収して野菜工場などに供給するしくみを作る必要があります。

そして、水素を供給する体制にも課題はあります。2021年現在、水素ステーションは日本に150拠点ほどしかなく、その地域もかなり偏りがあるのが現状です（下図）。先頃、東京都は再生可能エネルギー由来の水素活用設備費用の2分の1、純水素燃料電池の設置費用の3分の2を補助する導入促進事業を開始しました。これによって水素利用設備建設のハードルが下がることにはなりますが、採算が採れない事業には民間企業は参入し難い、という点は変わりません。

やはり**水素インフラ**は国や自治体が出資して運営し、FCVのユーザーを増やしてから民間に経営やさらなるネットワーク構築を任せるようにするべきなのでは、と筆者は考えます。FCV自体は素晴らしいエコカーで、補助金も充実しているのですから、水素インフラにも積極的に投資して、普及を促進してほしいものです。

※ 副生水素：苛性ソーダ、塩素ガスを製造する際に副次的に生産される水素

⚙ FCフォークリフト

工場で発生する副生水素は、ろ過して純度を高められて工場内での発電やFCフォークリフトの燃料として利用されている。FCフォークリフトに使われるのはFCVの半分の圧力である35MPaの高圧水素。

⚙ 水素ステーションの例

ガス産業大手の岩谷産業は、水素ステーションの運営と水素の供給を積極的に行なっている。しかし水素ステーションの普及は民間に任せるのではなく、国家プロジェクトとしてもっと国や自治体が積極的に取り組むべき問題。　写真：岩谷産業

©Iwatani Corporation

POINT
◎FCVはクリーンだが、水素を作り出すところから考えると課題は多い
◎水素インフラを整備するためには、国・自治体の出資や運営など、積極的な取り組みが必要になる

温室効果ガスCO_2を
回収、分解する技術も開発中

　クルマや工場からCO_2を出さないことだけを考えるのは、技術面でも限界があり、1つの課題を解決してさらに進化させるだけで相当な時間が費やされます。そのため、現在CO_2の排出を抑える研究とともに開発されているのが、CO_2を回収する技術です。

　工場や小型の発電設備から排出されるガスからCO_2を吸着させて回収する方法は、すでにさまざまな企業が実用化しています。

　そのしくみを簡単に言うと、CO_2を含むガス中にCO_2を吸収しやすい液体を噴霧してCO_2を回収し、その液体を集めてCO_2を取り出す、という行程を繰り返すというものです。

　その集めたCO_2は炭酸ガスやドライアイスの素材として利用されるほか、野菜工場への供給、さらに使い切れないCO_2は石油や天然ガスを採掘した地底の油田に注入して閉じ込めてしまうという技術も開発されています。

　これはCO_2を圧送することで、原油をより多く取り出せることにもなる、一石二鳥の方法です。

　これをさらに発展させれば、大きな火力発電所で発生するCO_2を回収して、クリーンな電力として供給することも可能になります。それでも石油や石炭などの化石燃料を使うことは、減らしていくことが求められるでしょう。

　バイオ燃料を使って発電し、発生したCO_2を回収して再利用すれば、「カーボンニュートラル」どころか「カーボンネガティブ」を実現できる可能性も出てきます。

　人類は地球資源を使い尽くすのではなく、資源をリサイクルして存続の危機を解消させる技術力を備えつつあるのです。地球の気候変動を抑えて、大気汚染を解決させることも不可能ではない、現代の科学力、技術力の進化に期待しましょう！

索　引 (五十音順)

171

174

参考文献

【書籍・雑誌】

A. きちんと知りたい！ 電気自動車メカニズムの基礎知識　飯塚昭三著　日刊工業新聞社　2019年

B. 最新 二次電池が一番わかる　白石　拓著　技術評論社　2020年

C. 図解 カーメカニズム パワートレーン編　高根英幸著/日経Automotive編集　日経BP社　2017年

D. エコカー技術の最前線　高根英幸著　SBクリエイティブ　2017年

E. カラー図解でわかるクルマのハイテク　高根英幸著　SBクリエイティブ　2017年

F. 日経Automotive　各号　日経BP社

【Web】

G. 日経X TECH　日経BP社

※本書で使用している写真は、基本的にメーカーの広報写真か著者が撮影したものです。それ以外のものについては、出典を明記しています。

──── 著者紹介 ────

高根　英幸（たかね　ひでゆき）

1965年東京生まれ。芝浦工業大学機械工学部卒。日本自動車ジャーナリスト協会（AJAJ）会員。これまで自動車雑誌数誌にメインライターを務め、テスターとして公道やサーキットでの試乗、レース参戦を経験。現在は日経Automotive、モーターファンイラストレーテッド、クラシックミニマガジンなど自動車雑誌のほか、Web媒体ではベストカーWeb、日経X TECH、ITmediaビジネスオンライン、ビジネス＋IT、MONOist、Responseなどに寄稿中。
◎主な著書：『カラー図解でわかるクルマのハイテク』『エコカー技術の最前線』（以上SBクリエイティブ／サイエンス・アイ新書）、『図解・カーメカニズム〜パワートレーン編』（日経BP社）、『ロードバイクの素材と構造の進化』（グランプリ出版）など。

きちんと知りたい！
電気自動車用パワーユニットの必須知識　　　　NDC 537

2021年 8 月31日　初版 1 刷発行　　（定価は、カバーに）
2023年 3 月27日　初版 6 刷発行　　（表示してあります）

　　　　　　　©著　者　高　根　英　幸
　　　　　　　発行者　井　水　治　博
　　　　　　　発行所　日 刊 工 業 新 聞 社
　　　　　　　東京都中央区日本橋小網町14-1
　　　　　　　　　　（郵便番号　103-8548）
　　　電　話　書籍編集部　03-5644-7490
　　　　　　　販売・管理部　03-5644-7410
　　　　　　　F A X　　　03-5644-7400
　　　振替口座　00190-2-186076
　　　URL　　https://pub.nikkan.co.jp/
　　　e-mail　　info＠media.nikkan.co.jp
　　　　　　印刷・製本　美研プリンティング(5)